ASHTAR

In kommenden Tagen . . .

ASHTAR

In kommenden Tagen . . .

Alarmierende Botschaften von Weltraum-Piloten

Niedergeschrieben durch
E. P. H. – USA

5., erweit. Auflage

VENTLA-VERLAG
D-62 Wiesbaden 13
1990

Titel der amerikanischen Ausgabe

„IN DAYS TO COME“

Niedergeschrieben durch E. P. Hill. USA
Aus dem amerikanischen übersetzt von Cläre Müller.
u. Ing. R. E.

Matth. 24; 29

. . . und die Sterne werden vom Himmel fallen, und die Kräfte der Himmel werden sich bewegen.

2. Petrus 3; 10

Es wird des Herrn Tag kommen wie ein Dieb in der Nacht . . . die Elemente aber werden vor Hitze schmelzen, und die Erde und die Werke, die darauf sind, werden verbrennen.

ISBN 3-88071-086-4

Herstellung: Druckerei Wolf, Ingelheim

Inhaltsverzeichnis

Kapitel Seite

Vorwort
Kontaktnahme mit Fliegenden Scheiben 9

ASHTARs, des Raumschiff-Kommandanten Einführungs-Botschaft an die Menschen der Erde 13

1. Amerikas Aufgabe 16

2. Außenlebenssphäre der Erde unter Kontrolle – Bevorstehender Endkampf 19

3. Weltraum-Piloten als „Handlanger" Gottes 22

4. „Vorstoß" in den Kosmos 25

5. Zusammenarbeit mit irdischen Pionieren 27

6. Die kommende gewaltige Umwälzung 30

7. Machtvolles Eingreifen von Oben 34

8. JESUS in den Augen Ashtars – Venusische Verhältnisse 37

9. Erdreinigung – Neue Entwicklungsphase durch Hilfe der Venusier – Trostreiche Zukunftsaussichten 39

10. Eindringlicher Rat eines hohen Engels – Selbstlosigkeit der Planetarier 44

11. Praktische Vorschläge – Vorbereitung zum Auftreten planetarer Experten 46

Kapitel Seite

12. Gesteigertes Leben bei den Venusiern 49

13. Eine Osterbotschaft JESU –
Vom Segen verwirklichter Nachfolge Christi 52

14. Lichtströme neuer Erkenntnisse.
Erfindungen – Methodik der Erwählung –
Ashtars Botschaft über Telepathie 56

15. Die zukünftigen Lehrmethoden des Wassermannszeitalters – Ashtars Erklärung
planetarer Anpassung an die irdische
Übergangszeit 61

*

16. Werden Außerirdische die Menscheit aus der
Weltkatastrophe retten? 66

17. Parallele Aussagen 70

18. Botschaft von HATONN 74

19. Zum 14. Interkontinentalen
UFO-Kongreß 1987/Wiesbaden 78

20. Botschaft von ANDROMEDA REX 79

21. „Spurlos verschwunden“ 82

Direkte Kontakte mit Außerirdischen in
5 Kontinenten 92

Bücherverzeichnis 95

Vorwort

Kontaktaufnahme mit Fliegenden Scheiben.

Wir stehen am Beginn des Wassermann-Zeitalters, das die Menschheit auf eine höhere Ebene bringen wird. Die in allen Kontinenten beobachteten „Fliegenden Scheiben“ sind ein nicht mehr zu übersehenes, ja unerhört aufrüttelndes Zeichen der Zeit! Die Stellungnahme zu ihrem Vorhandensein kennzeichnet den Reifegrad der Menschen. Wir können heute deutlich drei Gruppen unterscheiden:

1. Menschen, die gegenüber allem Außerordentlichen völlig gleichgültig sind.
2. Solche, die eine natürliche oder teilweise naturwissenschaftliche Bildung besitzen, jedoch alles von der rein physikalischen und technischen Seite ansehen, und sich lediglich von der Meinung öffentlicher Medien abhängig machen, bzw. mit die heutige Anschauung materialistischer Kapazitäten der Wissenschaft geltend machen und sich jeglichem derzeitig fast zwingenden Beweismaterial verschließen.
3. Menschen, die auf Grund innerer „Schulung“ und Gereiftheit um außerirdische Weltraumschiffe wissen, weil ihnen das Erkennen, ja die Selbstverständlichkeit der Bewohntheit anderer Planeten keine Schwierigkeiten macht und somit das Auftreten von interplanetarischen Raumschiffen und Kontakt mit deren Piloten nicht bezweifelt wird.

Wir haben es also heute im großen gesehen mit zwei Lagern zu tun: Auf der einen Seite sind es die im Stofflichen befangenen Materialisten und Skeptiker, die in Unwissenheit und Fehlschlüssen leben; auf der anderen Seite sind es die zu höheren Erkenntnissen strebenden und fortschrittlichen Menschen, Wissenden und Eingeweihten, die die höhere Wahrheit intuitiv erfassen.

Es ist heute allen Menschen möglich, aufgrund eines nur einigermaßen beharrlichen Strebens sich den Überblick zu verschaffen über das Vorhandensein außeriridischer Weltraumschiffe. Die Zahl der an außerirdischen Raumschiffen, den Erlebnisberichten und Botschaften von Planetariern lebhaft Interessierten wächst von Tag zu Tag; ja diese erfreuliche Erscheinung ist gleichsam das Barometer für den geistigen Entwicklungsstand des Einzelnen, wie eines Volkes.
Bezüglich des Verkehrs mit Planetariern können wir zwei Arten erkennen.
1. Den Kontakt auf der sichtbaren Ebene, das ist das physische Sehen (direkt oder durch Radar) der Fliegenden Scheiben bzw. Mutterschiffe innerhalb unseres Luftraumes; ferner die persönliche Begegnung mit Planetariern auf unserem Erdboden oder Zusammensein mit ihnen in ihren Schiffen.
2. Der innere Kontakt auf unsichtbarer Ebene, das ist die Verbindung mit Planetariern oder Sphärenwesen der Planeten bzw. Sonnen durch Telepathie=Gedankenübertragung bzw. das innere Vernehmen von Botschaften, wobei es Steigerungen bis zum Verkehr mit Hohen Geistwesen, Engeln und GOTT SELBST gibt. Zu allen Zeiten hat es erleuchtete Menschen, Mystiker und Mittler gegeben.
Die Botschaften von ASHTAR sind durch die amerikanische Übermittlerin E.P.H. empfangen und niedergeschrieben worden. Ihr hochbedeutsamer Inhalt spricht für sich selbst. Dieser hohe Führer - im michaelischen Geist - hat eine gewaltige Mission, die dem Leser durch verständnisvolles Aufnehmen des Buches in staunenswerter Weise klar werden wird. Als die amerikanischen Herausgeber die Absicht bekundeten, sich für diese Botschaften auf breiterer Basis durch Druck und Verbreitung einzusetzen, wurde die Zustimmung durch Ashtar übermittelt, seine Botschaften an alle weiterzuleiten, die sich für Fliegende Scheiben bereits interessiert haben.
In einer seiner Mitteilungen heißt es u.a.:
„Ihr habt uns einen unschätzbaren Dienst geleistet durch

den Druck und die Verbreitung der von Euch sogenannten „Untertassen-Bücher". Ihr Einfluß und das Interesse, das sie erweckt haben, verbreiten sich mit ständig zunehmender Geschwindigkeit weit über eure Kenntnis hinaus. Wir müssen die Quelle am Laufen halten, mit so wenig wie möglich Verunreinigung von gegnerischer Seite.
Der Weg geistiger Entfaltung ist ernst und voller Widerwärtigkeiten. Zu allererst bedarf es des Wissens um die Beherrschung von Geist, Körper und Seele, denn ohne diese kann nichts ausgeführt werden. Die Kontrolle über die Gedanken und Empfindungen ist besonders vor dem Einschlafen und Erwachen wichtig. Wir können hier nicht in Einzelheiten gehen; aber der Wunsch, zu dienen, und die Sehnsucht, ein „erleuchtetes Landungsfeld" zu werden, sind in sich selbst sichere Führer. Alles weitere folgt dann; denn wenn der Schüler bereit(et) ist, wird der Meister erscheinen!"
Schon nach dem Studium von Ashtars Einführungsbotschaft werden seine weiteren Eröffnungen für den Leser eine kaum abzuschätzende Bedeutung erlangen.

D.H. 1956

Zur 5. Auflage

Lange Zeit war dieses an Ausblicken und tiefen Einsichten reiche Kleinod der Welt-UFO-Literatur vergriffen. Jetzt, am Beginn der 90er Jahre, möchten wir es erneut den vielen Lesern der deutschsprachigen UFO-Literatur zugänglich machen.
Die Kulmination endzeitlicher Ereignisse - wie sie für die letzte Dekade vor der Jahrtausendwende prophezeit werden - dürfte den Leser zum Nachdenken und Handeln anregen.

Karl L. Veit

ASHTARs, des Raumschiff-Kommandanten Einführungs-Botschaft an die Menschen der Erde

Ich grüße unsere Freunde auf dem Erdenplaneten, von uns SHAN genannt!
Unsere Anwesenheit und unsere Absichten werden ständig klarer für alle unvoreingenommenen und unbefangenen Menschen eurer Erde, und Millionen erwarten sehnsüchtig unser sichtbares Erscheinen. Obwohl ihr aus guten Gründen glauben könnt, daß wir für eure Begriffe „Wunder" vollbringen können, möchten wir jedoch klarstellen, daß wir nichts gemein haben mit jenen irdischen Scharlatanen, die euch Taschenspielertricks vorführen. Wir bedürfen ihrer nicht, um unsere Wirklichkeit zu beweisen.
Jeder Schritt, den wir tun, entspringt einem wohlüberlegten Plan. Ich spreche hier im Namen von uns Allen, die wir die etwas undankbare Aufgabe übernommen haben, den bedrängten Bewohnern der Erde Hilfe zu leisten. Eine große Erleichterung würde es für uns bedeuten, wenn wir gleichzeitig auf allen Teilen eures Erdballs landen dürften, was uns heute vollkommen möglich wäre, um durch Anwendung von Ätherkräften, mit deren Gebrauch wir voll vertraut sind, dem unsinnigen und unversöhnlichen Parteiengezänk ein Ende zu bereiten, das jede Möglichkeit zu einer Anstrengung für den Frieden ausschließt. Aber unsere höheren Verwaltungsvorschriften und Grundsätze gemäß der freien Willensentwicklung hindern uns an solchem Vorgehen.
Bevor wir in Massen in Erscheinung treten können und um mit unseren überlegenen Kräften bei euch Sterblichen die Kenntnis der Naturkräfte zu erweitern, müßt ihr Erdenbewohner erst einen großen Entschluß fassen. Ich denke hierbei an die H-Bomben und an die höchst gefährlichen Sprengstoffe. Ihr könnt wohl solche höllischen Erfindungen zusammenmischen und explodieren lassen;

aber wo ist der Sterbliche, der das Problem gelöst hätte, die Explosionen zu verhindern und ihre tödlichen Wirkungen zunichte zu machen? - Einen solchen Menschen gibt es nicht auf dem Planeten Erde. Wie können sie es wagen, eine so ungeheuer große Kraft freizusetzen, ohne zu wissen, wie sie gezügelt werden kann? Nur euer kindischer Menschenverstand konnte ein solches Verfahren aushecken. Haben sie jemals ernsthaft die daraus entstehenen Wirkungen im gesamten großen Bereich der Natur und des Kosmos erwogen? -
Viele sonst intelligente Menschen sehen die von Naturkräften hervorgerufenen außergewöhnlichen Ereignisse als außerhalb des menschlichen Einflusses liegend an und glauben, daß Gott Selbst sie befohlen habe. Sie setzen fortwährend Wellen von verderblichen Gedanken und Gefühlen in Bewegung. Diese verbinden sich zu störenden Schwingungen und legen unabsehbare Entfernungen zurück und richten dauernd großes Unheil im Äther an. Glaubt ihr denn wirklich, daß diese Disharmonien - millionenfach von den Menschen erzeugt - keinen Einfluß hätten auf die von euch als leblos betrachteten Kräfte? Was ihr als Katastrophe bezeichnet, kommt auf unseren Planeten nur noch selten vor, weil wir die Ursachen dazu beseitigt haben. Wenn sich nun eure unguten Wünsche und Gedanken denen zuwenden, die unvermeidlich in den sichtbaren und unsichtbaren Reichen Kriege heraufbeschwören, wie können dann die Verantwortlichen hoffen, seinen Schrecken zu entrinnen? Wenn ihr glaubt, diese Fälle umgangen und nur dem Frieden gedient zu haben, frage ich euch: Habt ihr nicht bei eurem Wunsch nach „Frieden um jeden Preis“ dennoch die für einen wahren Frieden unerläßlichen Grundsätze mit Füßen getreten? -
Hier möchte ich etwas klar machen: Wir Wesen aus dem Weltraum haben uns - in welcher Berufung wir immer auch zeitweilig dienen mögen - unwiderruflich durch heilige Eide dazu verpflichtet, den universalen Gesetzen treu zu bleiben, die allein das Leben auf allen Bewußt-

seinsstufen zu erhalten vermögen. Würden wir irgendein Abweichen von diesen feststehenden und unabänderlichen Gesetzen zulassen oder verzeihen - Gesetze, die eine ehrenhafte Haltung beherrschen - so würden wir dadurch die Früchte unseres äonenlangen Bemühens verlieren.
Wir wollen keinen Teil haben an einem „Scheinfrieden“; er muß echt, lauter und frei von Heuchelei sein.
Richtet euer eignes Leben so viel wie nur möglich nach dem einzigartigen Leben des HERRN, der sich selbst demütigte, indem ER in fleischlichem Leibe die Verbindung mit euch Sterblichen aufnahm. Je mehr ihr Ihm nacheifert, um so eher habt ihr Anspruch auf unsere besondere Aufmerksamkeit und Hilfe. Als zukünftige Freunde und Mitarbeiter im Dienste des kommenden KÖNIGS der Könige grüßen wir euch und bieten euch unseren vollen Einsatz an in dem Kampf um eure Befreiung von all denen, die euch verführen und an die verderbliche Herrschaft ihrer fürchterlichen Götzen binden wollen.
Wir kommen als eure Verteidiger und Befreier. Wir kommen auf die dringende Aufforderung eures himmlischen VATERs hin, um euch von der unerträglichen Knechtschaft frei zu machen.
Unsere Liebe und unser Segen sind mit euch!

A S H T A R

Befehlshaber von zehn Millionen Wesen aus dem Weltraum, die ihre Stützpunkte im Bereich eurer Erdbahn bezogen haben.

1.Kapitel

Amerikas Aufgabe

Wir beginnen mit einer Reihe von Offenbarungen über die künftige Tätigkeit von Wesen, die zur Zeit nicht in einen sterblichen Leib eingehüllt sind, und derjenigen, die auf Erden unsere Mitarbeiter sind oder sein werden. Wir, eure unsichtbaren Freunde, sind mit Körpern ausgestattet, die von einer Phase der Erscheinlichkeit in eine andere verwandelt werden können (durch Schwingungsveränderung), je nach den natürlichen oder künstlich erzeugten atmosphärischen Bedingungen. Durch diese Fähigkeit wird es uns sehr viel leichter, euch Sterblichen in dieser ernsten Zeit beizustehen.

Ihr seid euch über die jetzt bei euch herrschenden Zustände und ihre unausweichlichen Folgen schmerzlich klargeworden und möchtet konkrete Angaben haben. Der genaue Zeitpunkt des göttlichen Eingreifens wird ganz davon abhängen, wie die Menschheit reagieren wird auf die Prüfungen, die ihr auferlegt werden durch den Verrat der dämonischen Widersacher Gottes, aber niemals durch den himmlischen VATER oder Seine getreuen Boten.

Ihr wißt wohl nicht oder vergeßt zeitweilig, daß gleichzeitig mit auf der Erde tobenden Kriegen auch auf der astralen Ebene der Kriegszustand herrscht. Die bloße Tatsache, daß in Kriegen ungezählte Tausende „getötet“ werden, beendet den Kampf in keiner Weise. Sie leben weiter (oft mit Gefühlen des Hasses und der Feindschaft gegen ihre ehemaligen Kampfgegner). Hier ist es nun unsere schwere Aufgabe, diese Seelen abzusondern; nicht gemäß ihrer irdischen Art und Klasse, sondern in Übereinstimmung mit ihren eigenen Veranlagungen und Wünschen.

Eurem eignen Land (Amerika) ist es vorbehalten, Ausgangspunkt zu werden, von dem Hilfe ausgehen soll. Aber der jetzige unsinnige Widerstand gegen wohlerwogene durchaus gerechte und gesetzlich bekräftigte Verordnungen, die Verwaltungszweige der Regierung von umstürzlerischen, verräterischen Beamten zu säubern, ist dringend erforderlich. - Mehr und mehr werden die feigen Verschwörungen der Feinde ans Licht kommen; aber euer Volk (alle Völker) muß selbst entscheiden, ob es sich den CHRISTUS-Kräften oder der Gewalt der Abtrünnigen ausliefern will. Es gibt keinen Mittelweg; <neutral> zu bleiben, ist nicht möglich.

Gegenwärtig werden viele Millionen Seelen entweder den Weg fortschreitender Höherentwicklung beschreiten oder sie müssen zwangsläufig den ins Elend und in die Erniedrigung abwärtsführenden Weg gehen. Ist das nicht den Preis eines wenige Monate langen gewaltigen Kampfes zwischen Licht und Finsternis wert, zwischen übermenschlichem Mut und giftigem Haß, um zu erreichen, daß jeder jetzt lebende Sterbliche auf seinem rechtmäßigen Platz steht? - Nicht auf dem Platz, auf den ihn irgendein Gesetz der Willkür oder menschlicher Entscheidung stellt, sondern in Übereinstimmung mit der unfehlbaren Weisheit des EINEN, Der alles sieht und die innersten Geheimnisse und verborgenen Beweggründe jedes Menschenherzens kennt.

Ich sage euch, alles wird in Ordnung gebracht werden, aber nicht durch materiellen Vorteil einiger weniger Machthaber, noch durch den Gebrauch der von Wissenschaftlern ersonnenen Waffen, bei deren Erfindung sie glauben, die verborgenen Kräfte des Weltalls berührt und angezapft zu haben. Ich sage euch: So wird es nicht geschehen! Das böse Weltgeschehen wird zu einem unabänderlichen Schluß gebracht werden durch den Akt GOTTES, der mit nichts bisher den Sterblichen Bekanntem vergleichbar ist. Euer Planet wird sich nicht verfangen in einem Netz unentwirrbarer Schwierigkeiten, sondern er wird frei werden von der ihm aufgezwungenen Herrschaft von Volksverführern, die ihn ins Verderben stoßen würden. Es gilt, das ganze Vertrauen in die einzige Macht zu setzen, die allein euren Planeten vor

seinem drohenden Schicksal retten kann. Ich sage euch in heiligem Ernst:
Dieses Land der Vereinigten Staaten soll wie durch ein Wunder gerettet werden! Ich sage nicht, daß es eine friedliche Befreiung sein wird; doch durch das unerschütterlich treue Festhalten von Millionen im Glauben an euren Herrn JESUS CHRISTUS wird dieses Land, dieser Planet, von allen Greueln gereinigt werden, die es jetzt verheeren. Es soll das Zentrum werden, von dem die Anregungen und machtvollen geistigen Kräfte ausstrahlen, die in den Herzen aller Menschen den brennenden Wunsch wecken werden, den Willen des allmächtigen Schöpfers zu erkennen und zu erfüllen. Dann wird euer kommender König über die neuerstandene Welt regieren, ohne Behinderung durch diejenigen, die jetzt Seine treuen Diener noch quälen und zu vernichten trachten.

2. Kapitel

Außenlebenssphäre der Erde unter Kontrolle – Bevorstehender Endkampf

Bevor aber nennenswerter Erfolg erreicht werden kann, durch die irdischen Vorkämpfer für das kommende Gottesreich, müssen zuerst die vielen Großen abtreten, die mit ihrem aufgeblasenen Gehabe von ihrer eigenen Wichtigkeit und ihrem Einfluß auf die Völker überzeugt sind. Ihre durch Gewalt und Furcht eroberte Macht muß zerrinnen, wenn ihnen mit klarer Vernunft in starkem Glauben an eine höhere Macht entgegengetreten wird.
Ein langer schwerer Kampf hat eingesetzt gegen die Mächte der Finsternis, die alle Erdenbewohner beeinflussen aus unsichtbaren Sphären, um die Menschen zu umgarnen. Dank der nimmermüden Wachsamkeit all derer, die mit dem Eingreifen und der Ausmerzung von Millionen von dämonisch beherrschten Wesen betraut sind, sage ich als Auswirkung dieses ununterbrochenen Kampfes im Unsichtbaren: Es ist möglich geworden, diesen Entscheidungskampf jetzt auf die irdische Ebene auszuweiten, woran sich auch die Erdenmenschen tatkräftig beteiligen sollen, um größere, greifbare Erfolge zu bewirken.
Zur Durchführung dieses Kampfes auf der irdischen Welt sind dreierlei Maßnahmen erforderlich. Erstens: materiell Überzeugte zwecks Notwehr. Zweitens: erhellte Vernunft, um irreführende Propaganda zu erkennen und zu bekämpfen. Drittens: geistige Aufgeschlossenheit und Erkenntnis sowie seelische Kraft und Ausdauer zu stetigem Vorwärtsschreiten gegen allen feindlichen Widerstand, damit endlich solche Männer als Lenker der Staaten eingesetzt werden und sich behaupten können, die ehrlich die Völker regieren und zu Gott hinleiten.
Ihr werdet vielleicht sagen: Beklagenswerte Zustände auf Erden, wie sie zur Zeit herrschen, hat es von jeher gegeben und wird es immer geben. Dazu sage ich: Nein!

Durch der Menschen hartnäckigen Ungehorsam haben diese Zustände einen Punkt erreicht, an dem es den Menschen trotz entschlossener Anstrengung kaum noch gelingen kann, sich von dem übergroßen Druck der umstürzlerischen Kräfte zu befreien.
Auf göttliches Geheiß haben Seine erwählten Sendlinge, die mit genügend Macht und Geisteskraft ausgestattet sind, um das „höllische" Machtsystem der finsteren Gegenkräfte zu vernichten, auf den für euch unsichtbaren Ebenen rund um eure Erde die Vorherrschaft errungen. Die dort umherstreifenden Scharen teuflischer Verführer der widerstandslosen Sterblichen sind unter strenger Aufsicht.
Jetzt kommt der letzte Abschnitt, des weisen, göttlichen Heilsplanes. Ohne Mühsal und Leiden kann der Sieg nicht errungen werden. Die Menschen müssen sich bewähren! Ihr werdet diese Zeit der Trübsal als eine bittere und ungerechtfertigte Beeinträchtigung eures Rechtes auf ein menschenwürdiges Leben ansehen. Das ist richtig; aber sie bietet euch eine herrliche Gelegenheit, euch würdig zu erweisen, sowohl an den Verpflichtungen wie auch an den Vorzügen des Goldenen Zeitalters teilzunehmen. Vorzüge, die für immer denjenigen versagt bleiben, die jetzt verantwortlich sind für die Verzögerung seiner Aufrichtung.
Wie schwer auch immer die Leiden vieler Diesirdischer sein mögen, in dieser Endzeit der Umwandlung eurer Welt, so werden doch alle jene Menschen, die feststehen, in der Verteidigung des Rechtes - auf welchem Kampfplatz sie auch immer stehen mögen - bald gewahr werden, welchen unschätzbaren Dienst sie ihrem Meister geleistet haben und Seinen siegreichen Legionen aus dem Weltraum, denen es jetzt möglich ist, die bisher undurchdringliche Dichte der Erdaura zu durchstoßen, um den CHRISTUS-Kräften in irdischen Leibern beizustehen und sie zu stärken. Bald wird eine Veränderung über die Oberfläche der Erde und ihre Bewohner kommen. Stunde um Stunde enthüllen die finsteren Mächte selbst im-

mer deutlicher ihre schrecklichen Absichten. Dicht auf dem Fuße folgen diesen Enthüllungen die schnell heranreifenden Entscheidungen jener Lichtwesen, die jetzt im Fleischleibe leben, und sie werden die Befehle der falschen Führer aufheben, um an deren Stelle dem göttlichen geoffenbarten Willen zum Durchbruch zu verhelfen, um den schwerstens bedrängten Nachfolgern Christi das Leben zu retten.

3. Kapitel

Weltraum-Piloten als „Handlanger“ Gottes

Nun noch einige Worte über unsere Anwesenheit und unsere Aufgabe. Auf Geheiß des himmlischen VATERS kommen wir, um eure unsichtbaren Schutzgeister zu unterstützen, die unendlich betrübt sind über die Zustände auf eurem Planeten Erde. Wir kommen in vielen Millionen mit vollkommener Ausrüstung und allen nötigen Kräften ätherischer Natur versehen, die wir nach Bedarf anwenden, um die Anschläge der zerstörerischen Gewalten zu verhindern und ihre Waffen unwirksam zu machen. Es ist uns bekannt, daß bestimmte Gegenden der Erde zur Zerstörung vorgesehen sind. In den Ablauf dieses Programms greifen wir nur dann ein, wenn uns dies geboten wird von den himmlischen Ordnungsmächten, die ununterbrochen mit unser Aller VATER verbunden sind. Auf gewisse vorbestimmte Zeichen entsenden wir viele Tausende von Ventlas (Fliegende Scheiben) an die gefährdeten Orte. Vielleicht werdet ihr unsere Mission, euch zu schützen, eher voll erfassen, wenn ich euch sage, daß schon zahllose geplante Sabotage-Akte vereitelt wurden, dank der Wachsamkeit und dem raschen Eingreifen unserer Mannschaften. Zerstörung um der Zerstörung willen ist nicht unsere Art. Wenn wir in verzweifelten Lagen oft auch noch so gern helfen möchten, so sind wir doch durch heiligste Eide gebunden, nur dort und zu der Zeit einzugreifen, wo und wann es uns durch unseren HERRN oder Seine erwählten Führer geboten wird. Wenn aber einmal bestimmte Anweisungen in einer besonderen Lage gegeben sind, dürfen wir frei nach unserem besten Wissen und Können handeln. Aber in jedem Augenblick können wir uns an unseren „Oberbefehlshaber“ direkt wenden, falls wir wegen zu unternehmender Schritte auch nur den leisesten Zweifel hätten.

Unsere Mittel zur Gedankenübertragung und genauen Beobachtung jeder Person und jeder Gegend auf dem

gesamten Erdball geht heute noch über euer Fassungsvermögen. So sind wir in der Lage, ein oftmals wiederholtes Versprechen einzulösen, nämlich, daß alle, die ihr Vertrauen in Gott setzen, immer und überall von göttlichen Kräften beschützt werden. Der himmlische Vater bedient sich zur Ausführung Seines Willens Seiner ihm treu ergebenen Diener und setzt die jeweils für eine Aufgabe am besten Geeigneten am rechten Platz ein.
Unser Erscheinen in Körperform und die Materialisation unserer Weltraumschiffe erfolgen nur auf Anordnung unserer obersten Leitung, die weit oberhalb unserer Basen, das sind Stützpunkte, die in euerer Stratosphäre zu suchen sind, sich befindet. Die Weisungen erfolgen Schritt für Schritt nach einem vorausbestimmten Zeit-Plan, aber nicht nach euren Uhren und Kalendern, sondern in Übereinstimmung mit sorgfältig berechneten möglichen Folgen der Ereignisse, die davon abhängen, wie die Menschen reagieren. Viele Faktoren müssen wir bei unseren Entscheidungen berücksichtigen, so zum Beispiel planetarische Einflüsse magnetischer Art, astrale Verhältnisse, die Tätigkeit der Elementarkräfte im Erdkörper, weiterhin die dauernden Schwingungsstärken in den verschiedenen Gegenden des Erdballs, die von den Menschen ausgehen, welche die Gefahren erkannt haben und verzweifelte Anstrengungen machen sich ihnen zu entwinden. Diese letzte Erwägung ist wohl der entscheidenste Punkt für den Einsatz unserer Macht. Sie müssen selbst den Versuch machen, frei zu werden, bevor wir ihnen zu Hilfe kommen dürfen.
Wir verstehen natürlich vollkommen euer Interesse an den mechanischen Konstruktionen und den Antriebskräften, mit deren Anwendung wir Kunststücke vollbringen, die euch wie Hexerei vorkommen, bei unserer Ankunft in eurer Welt. Selbst wenn wir aus einem besonderen Grund zu einem bestimmten Zweck jemanden von euch zu einem Fluge mit uns einladen würden, so wäre es doch unmöglich, für eure „Fachleute“, hinter das Geheimnis unseres Antriebsystems zu kommen, nachdem

ihr bisher alle euch gebotenen Gelegenheiten versäumt habt, euch mit den Gesetzen dieser höheren Energie-Formen vertraut zu machen.
Euer angesammeltes Wissen habt ihr in der Vergangenheit geschändet zu gebotswidrigen Zwecken. Nicht eher als bis die Welt den Gebrauch von zerstörenden Waffen aufgegeben und bis jegliches Streben nach Mißbrauch der feineren Kräfte in Gottes Weltall aufgehört hat, wird es euch gestattet werden, mit den immerwährenden ätherischen Energien zu experimentieren, die ungeahnte Möglichkeiten all denen bieten, die befähigt sind, sie im Sinne des Schöpfers, aus Dem sie stammen, anzuwenden. *)
Wir kommen jetzt als Befreier zu euch, aber wir freuen uns auf eine weit beglückendere Aufgabe, wenn wir uns frei und offen unter euch werden bewegen können und wir werden euch nur zu gern einweisen in viele Geheimnisse und Freuden, die wir besitzen. Dürfen wir auf eure Mitarbeit rechnen, um eine solch glückliche Zeit baldigst heraufzuführen? – Wir hoffen es!

In Liebe Ashtar.

*) Kostenlos zur Verfügung stehende Äther-Energie aus dem Weltraum.

4. Kapitel

Vorstoß in den Kosmos

Unser Interesse geht - ohne daß ihr es merkt - hauptsächlich in zwei Richtungen: Die Grundlagen zu schaffen, die euch Erdenbewohnern unbekannt, um die mutwillige Zerstörung des Lebens durch unvorstellbar gewaltige Kräfte zu verhindern - Kräfte, die nur aufbauend schöpferischen Zwecken dienen sollten. Und nach eurem tieferen Erkennen dieser Grundlagen zur Erzeugung und Lenkung solch starker Energien möchten wir zu gegebener Zeit den Erleuchteten, die sich als vertrauenswürdig erwiesen haben, unsere Kenntnisse vermitteln über die Anwendungsmöglichkeiten dieser Naturkräfte.

Im Augenblick würde alles, was wir auf der wissenschaftlichen Ebene den irdischen Errungenschaften hinzufügen wollten, doch nur kriegerischen Unternehmungen nutzbar gemacht werden. Darum müssen wir zuerst helfen, die Mächte auszuschalten, die durch Gewalt die Weltherrschaft an sich reißen wollen! Ein Planet, von angsterfüllten Sklaven bevölkert, unter der Herrschaft einer Handvoll Tyrannen, kann sich selbst nicht helfen. Die vereinten Kräfte der Weltraumwesen, die die gesamte globale Situation zu überwachen haben und wirksame Pläne fassen müssen, alle zu retten, die immer rascher in das enger werdende Netz des Verderbens gezogen werden, haben allein die Möglichkeit, das schwere Weltproblem zu lösen.

Es gibt Länder, die unserer sofortigen Hilfe bedürfen, wegen der dort herrschenden fürchterlichen Ungerechtigkeit und Grausamkeit. *)

Bevor ich fortfahre, will ich klar betonen, daß wir zu allen Zeiten nach dem Gebot und der Aufsicht eures künftigen Herrschers JESUS CHRISTUS handeln!

*) Länder in Süd- und Mittelamerika, in Afrika und Asien.

Je eher ihr von unserer Wirklichkeit und unserem helfenden Dienen überzeugt seid, um so schneller können wir unser Ziel erreichen und um so weniger Menschenleben gehen verloren. Wir sind ermahnt worden, jede einzelne Seele zu retten, die willig eine Sinnesänderung vollzieht und sich so dem neuen Zeitalter eingliedert. Mancher wird von eurem Planeten abberufen werden, um von unsichtbaren Welten aus mitzuhelfen, wie viele Tausende es bereits tun. Wir unterstellen unsere Pläne dem Willen des Allerhöchsten, und wir erwarten vertrauensvoll eure aus liebevollem Herze kommende Mitarbeit.

5. Kapitel

Zusammenarbeit mit irdischen Pionieren

Alle Achtung denen, die durch göttliche Intuition die wahre Bedeutung unserer Sendung begriffen haben und uns keine niedrigen oder selbstsüchtigen Beweggründe unterschieben. Jeglicher Versuch, uns etwas aneignen zu wollen auf eurem Planeten Erde, das wertvoll für uns sein könnte, würde krasser Diebstahl und völlig unentschuldbar sein; denn eure Bewohner besitzen im ganzen zur Zeit nur eine jammervolle geringe Lebensmittelversorgung, die kaum ausreicht, um gewisse Völker auch nur mit dem notwendigsten Unterhalt zu versorgen.
Wir beabsichtigen im Gegenteil, eure Vorräte zu vergrößern! Es ist nicht meine Aufgabe, euch auf die Ursachen für diese furchtbare Umkehrung aller Schöpfungsgesetze im All hinzuweisen, deren Befolgung aber ein solches Dilemma verhindern würde. Nur sehr wenige, - selbst eure fortgeschrittensten Denker und Philosophen - scheinen die Tatsache zu begreifen, daß auf einem genauen Einhalten dieser universalen Gesetze ganz natürlich nur ein materieller Segen folgen kann.
Selbst euer höchster Meister CHRISTUS hat euch diese Gesetze nicht erst gebracht; sie haben seit dem Schöpfungsbeginn bestanden, ja sie waren ein Teil des Schöpfungsaktes selbst, und sie sind auch heute noch das Grundwesen aller schöpferischen Vorgänge.
Wer davon abweicht, zieht die Vernichtung herbei, was sich heute auf eurem Planeten nur zu deutlich zeigt durch Not, Trübsal, Elend, Armut und Erniedrigung! Den Gegensatz zwischen den wohlgeordneten Verhältnissen auf unseren eigenen Planeten und dem chaotischen Durcheinander überall auf dem Planeten Erde zu beobachten, ist für uns äußerst schmerzlich. Darum loben wir um so mehr die heroischen Versuche vieler erleuchteter Menschen, die sowohl die gemachten Fehler berichtigen, wie auch das zielbewußte, umstürzlerische Wirken

großer Massen unterbinden wollen. Letztere handeln im direkten Gegensatz wider besseres Wissen zu den klaren Eingebungen ihres eigenen gesunden Menschenverstandes. Wenn sie doch ihre - wenn auch noch so eingerostete - geistige Maschinerie gebrauchen wollten, um das Grundübel eurer jetzigen Schwierigkeiten zu entdecken!
Als der EINE, den ihr als JESUS CHRISTUS kennt, in menschlicher Verkörperung zu euch kam, der nicht nur lehrte, sondern den Erdbewohnern auch öffentlich die Schönheit, die Wirksamkeit und die Weisheit des Allerhöchsten vorlebte und wie man sich fügsam den machtvollen Schöpfungsgesetzen unterwirft, die von dem erhabenen Hervorbringer aller Dinge ausgegangen sind, war eurem Planeten eine einzigartige Gelegenheit dargeboten, die geistigen Gesetze zu lernen, die euch zum wahren und verläßlichen Aufstieg sowie auf allen Lebensgebieten zum Fortschritt gedient hätten.
Als CHRISTUS auf eure Erde herniederstieg, hatten viele von uns mit entzückten Augen und hochgespanntem Sehnen zugesehen und gehofft, daß dieser wahre HEILAND von den Menschen angenommen und durch einmütige Anerkennung zum Herrscher des Planeten Erde erkoren worden wäre!
Aber ach - das Versagen der Menschen bis auf einige Wenige, auch nur einen Schimmer der erhabenen Botschaften, die ER brachte, zu erfassen, die euch befreit hätten von allen Bindungen an materielle Dinge - ihre vollständige Blindheit erfüllte unsere Herzen mit schmerzlichem Zweifel, ob es noch eine mögliche Aussicht für Euch gäbe vor totaler Zerrüttung errettet zu werden. So verloren wir, die wir von unseren Beobachtungsposten im Weltraum achtgaben, jegliche Hoffnung, euren Planeten jemals erlöst zu sehen von seinem selbstbereiteten Schicksal. Und somit verschwand unser Interesse an euch. Außer gelegentlichen Besuchen mitleidigen Nachforschens ließen wir euren Planeten gleichsam der Vergessenheit anheimfallen.
Nicht so euer ERLÖSER! Er gab einst ein heiliges

Versprechen all denen, die an Ihn glaubten und Ihm bedingungslos vertrauten; Er verhieß ihnen, Er würde mit großer Macht und Herrlichkeit wiederkehren, und diese dunkle Welt würde erleuchtet werden, trotz aller Anstrengungen der finsteren Mächte, dies zu verhindern.
Wir kommen jetzt in der vollen Überzeugung, daß dieses Versprechen bald in Erfüllung gehen wird, denn wir sind aufgeboten, dabei mitzuwirken! Da wir aus eigener langer Erfahrung die Freuden und die Zufriedenheit kennen, die auch ihr erleben werdet, sobald ihr befreit sein werdet von denen, die euch ihrem bösen Willen untertan gemacht haben, kommen wir voll hoher Begeisterung, um euch in diesem Kampf Hilfe zu leisten. Wir unterstellen uns aber zu allen Zeiten der allweisen Überwachung unseres allerhöchsten Führers. Deshalb sind eure besonderen Anstrengungen angebracht, um mit uns in intuitive Verbindung zu treten. - Jedoch wir selbst werden Zeit und Ort bestimmen und die Menschen auswählen, mit denen wir Kontakt aufnehmen möchten.
Eine unschätzbare Hilfe wäre es für uns, wenn ihr uns freundschaftliche Gefühle und Vertrauen entgegenbringen würdet und uns mit eurem Herzen willkommen heißet. Unsere Scharen würden eine derartige geistige Atmosphäre sehr geeignet für ihr Wirken finden, denn sie benötigen solche erleuchteten „Landungsfelder", wo sie hin und wieder weilen können, um sich den Verhältnissen und Schwingungen anzupassen, auf die sie bei der Erfüllung ihrer Aufgaben stoßen werden.
Wir kennen jeden einzelnen von euch, der mit unserer Mission sympathisiert, und ihr sollt wissen, welch große Erleichterung es für uns bedeutet, über diese lichten Zugänge zu verfügen, durch die wir die dunkleren Gegenden erreichen können, wo wir die meiste Arbeit zu leisten haben. Wir sind dankbar für Verständnis und Entgegenkommen von eurer Seite!

6. Kapitel

Die kommende gewaltige Umwälzung

Angesichts des schnell herannahenden Höhepunktes der Auseinandersetzung von zwei total entgegengesetzten Weltanschauungen werden mehr als nur menschliche Weisheit, Kraft und Geschicklichkeit einzusetzen sein, um den schweren Ansturm von irregeführten oder zielbewußten Zerstörungskräften zu bewältigen.
Ob diese Hilfe nun in sichtbaren, mit machtvollen Wesen bemannten Luftfahrzeugen kommt, die ermächtigt sind, den Sterblichen gegenüber noch ungekannte Kräfte anzuwenden, oder ob die notwendige Hilfe in anderer geheimnisvoller und unsichtbarer Weise erfolgt - sicher ist, daß allen Männern und Frauen zur Durchführung ihrer Mission, für die sie zu dieser Zeit auf die Erde kamen, alles das zukommen wird, dessen sie bedürfen, um die ihnen zugewiesenen Aufgaben mit Erfolg zu lösen.
Niemand kann die wunderbare Geduld und Langmut ermessen, mit der euer himmlischer Vater die Schwächen der Menschenwesen ertragen hat! Keiner kann auch nur im Entferntesten Seine Enttäuschung ahnen über die Zurückweisung Seines Angebotes der Sündenvergebung und Gnade! Alles was sich an Zerstörungen ereignen wird, ist nur die Folge davon, daß der Mensch aus eigenem freien Willen den Weg der Entartung beschritten hat, der ins Verderben führen muß, soweit es sich um sein Leben auf diesem Planeten handelt. Diese Entarteten können nicht mehr existieren in der „Neuen Zeit und Welt“, die jetzt entstehen soll.
Ein Mißlingen der Errichtung des lange vorangekündigten „Himmelreiches auf Erden“ ist völlig ausgeschlossen. Euer Meister sprach: „Mein Reich ist nicht von dieser Welt.“ Steht nicht auch geschrieben: „Siehe, Ich mache alle Dinge neu?“ - „Einen neuen Himmel und eine neue Erde“, worin die Rechtschaffenheit herrschen soll. So lautet Seine Verheißung! Sie wird jetzt in Erfüllung ge-

hen. Oder könnt Ihr glauben, der Schöpfer, dem selbst der Unwissendste die Macht zugesteht, Er habe den Erdball, den ihr bewohnt, weise erbaut - wäre nicht imstande, ihn umzugestalten, um darin die neu erkannten Kräfte nützlich anzuwenden, die zur Entfaltung andere irdische Verhältnisse und Voraussetzungen brauchen?
Bevor die endgültigen Wehen der irdischen Neu-Geburt eintreten, müßt ihr euch gefaßt machen auf voneinander unabhängige, verstreut auftretende Naturereignisse, durch welche lange zurückgedrängte Kraftansammlungen im Erdinnern freiwerden. Sie sind so stark, daß sie Berge spalten, Wüsten überfluten und einen neuen Kontinent emporsteigen lassen können. Diese furchtbaren und gigantischen Umwälzungen werden aber nicht zufällig oder vernunftwidrig geschehen, sondern nach einem genauen göttlichen Plan.
Diejenigen Gegenden, die am besten geeignet sind für die Gestaltung des neuen Zeitalters, werden verschont oder umgewandelt werden, um sie tauglich zu machen für ihre künftigen Bewohner.
Alle Mitteilungen über kommende Ereignisse müssen der Erkenntnisfähigkeit und dem Glauben des Lesers überlassen bleiben. Eine Aufgabe kann euch heute völlig „unsinnig", aber in einem Monat in einem ganz anderen Licht erscheinen. Beurteilt alles, was ans Phantastische grenzt, mit Duldsamkeit. Wenn ihr von Wundern hört, die in nächster Zeit in Erscheinung treten werden, dann tut ihr klug daran, euch an neue Begriffe einer Rolle zu gewöhnen, die die Natur bei dieser Umwandlung spielen wird.
Eine Fülle von geschickt zusammengebauten Verfälschungen der von der Natur ursprünglich vollkommen hervorgebrachten Lebensmittel, die alle für den Menschen notwendigen Elemente enthielten, haben eure Märkte überflutet. Wenn richtig zusammengesetzt durch ernsthafte Wissenschaftler, haben wir nichts gegen den rechten Gebrauch. Jedoch ist durch solche Verfahren die Natur sozusagen einer Verantwortung enthoben, die sie

aber wieder auf sich nehmen wird, sobald durch die gewandelten Verhältnisse der Boden erneuert sein wird. Die Natur war seit langem auf den ausgelaugten Boden für wesentliche Bestandteile angewiesen, um diese als lebensspendende und erhaltende Elemente in die reinen Lebensmittel aufzunehmen, die sie hervorbringt.
Ihr braucht nicht zu befürchten, daß die Erde entblößt würde von den goldenen Kornfeldern, von ihrem Reichtum fruchtbeladener Bäume, ihren Weinbergen mit saftigen Trauben, den weitgedehnten Weidenflächen und der grünen Pflanzenwelt. All diese sowie zahllose andere Gaben werden für den zeitlichen Bedarf der Kinder Gottes auf der Erde auf dem neubelebten Boden dank der Alchemie der Natur in Überfülle gedeihen.
Eure Freunde von Share grüßen euch! Wie gerne würde ich alle Freunde einzeln grüßen, die sich offen zu uns bekannt haben, und ihnen zum Ausdruck bringen, wie sehr wir es schätzen und anerkennen, daß sie unsere Anwesenheit mit Freude begrüßen, die wir als Helfer aus dem Weltraum kommen, um den Bewohnern des Planeten Erde zu dienen. Obwohl unsere Freunde sehr zahlreich geworden sind und die „Zeit" eine wichtige Rolle bei unserer Mission spielt, müssen wir „Männer aus dem Weltraum" unsere Kontakte mit euch beschränken auf solche Gelegenheiten, bei denen ein Vorwärtskommen im Sinne unserer Absichten erreicht werden kann. Aber ich möchte euch versichern, daß jeder neue Freund, den wir erwerben, uns unsere Mission ein wenig erleichtert und wirksamer macht. Wir beabsichtigen keineswegs, wie euch schon gesagt wurde, auf euch herabzustürzen und uns in ungebührlicher Weise in eure Angelegenheiten einzumischen. Nur in Fällen unverantwortlichen Mißbrauchs eurer neuentdeckten Zerstörungskräfte würden wir uns berechtigt fühlen, unsere überlegenen Kräfte einzusetzen, um die furchtbare Auswirkung zu vereiteln, die nicht nur euren Planeten, sondern auch viele andere Welten jenseits eures Blickfeldes aufs Spiel setzen würde. Wenn einmal die herumschweifenden Geistwesen, die

keinen Anspruch mehr auf ein Gastrecht auf Erden haben, fortgeschafft sein werden, dann können wir uns frei unter euch bewegen bei der Neugestaltung und Verschönerung des gesamten Erdballs, nach den neuen Bedürfnissen seiner fortgeschrittenen Bewohner. Dann können wir auch in praktischer und sichtbarer Weise unsere Achtung und Bewunderung all denen bekunden, die gewillt sind und darauf brennen, mit Hand anzulegen bei der Umgestaltung, die dem Planeten Erde bestimmt ist.

Ashtar

7. Kapitel

Machtvolles Eingreifen von Oben

Hier möchte ich einige Vorschläge machen als Antworten auf manche an uns gerichteten Fragen von denjenigen, die gerne behilflich sein möchten bei der Errichtung des „Himmelreiches auf Erden“, und die uns deshalb unterstützen wollen bei unseren ersten Versuchen, die Menschen aufzurütteln, daß sie das Unheil erkennen, in dem sie sich befinden.

Der Säuberungsprozeß ist - wie ihr ja genau wißt - unvermeidbar, bevor sich eine neue vollkommenere Ordnung ausbreiten kann. Doch gibt es mancherlei Möglichkeiten, wodurch die Mühsale und die Unannehmlichkeiten verhindert werden können, die bei der Beseitigung der Greuel auftreten werden.

Während in vielen Teilen der Erde die Säuberung nur durch vollständiges Hinwegfegen der Schandtaten mit all ihren Rückständen zum Ziele führen kann, so gibt es doch zahlreiche Fälle, wo die entschlossenen Anstrengungen von Einzelnen oder von Gruppen, die sich jetzt schon die wohlbekannten Lebensgrundsätze des neuen Zeitalters zur Richtschnur machen, die Notwendigkeit für solch drastische Maßnahmen verhüten würden.

Denkt nach über die Grundursachen, die zu so verheerenden Vorkommnissen führen mußten! In der Geschichte eurer Erde habt ihr unzählige Beispiele von Korruption, die zum Niedergang von Nationen und sogar zum Versinken ganzer Kontinente in die Tiefen der Meere geführt hat. Ist jemals eine Zivilisation vernichtet worden durch tugendhaftes, liebreiches Verhalten der Menschen? - Habt ihr schon daran gedacht, eurem Himmlischen VATER dafür zu danken, daß soviel schreckliche Dinge wie Verrat, Betrügereien, Hinterlist und Treulosigkeit endlich ans Tageslicht gebracht worden sind und noch werden? - Für das Offenbarwerden dieser auszurottenden Übel solltet ihr dem himmlischen Vater danken.

Wenn ihr dann betet, so werden sich vier von unseren Weltraummenschen einem jeden Beter zugesellen und Gott dafür danken, daß Er euch die Freiheit gab, anständig, wahrhaftig, gerecht, zuverlässig zu denken und zu handeln. Und andere Menschen werden sich zu euch finden, und mit jedem einzelnen kommt die zusätzliche Gebetskraft von unserer Seite - vervierfacht! Das haben schon viele vor euch getan, ohne es zu ahnen, was es bedeutet in der jetzigen Auseinandersetzung zwischen Gut und Böse.

Wir haben die Länder der Erde kreuz und quer durchforscht, und wir haben eine große Menge feiner, aufrichtiger und edelmütiger Menschen gefunden. Wir führen Buch über jeden einzelnen. Wir haben sie beobachtet zu Hause, im Geschäft, bei der Arbeit, beim Spiel, im Glück, im Unglück, in zufriedenen Zeiten und wenn ein Mißgeschick sie trifft! Zu allen Zeiten bleiben diese Menschen ruhig, besonnen und hilfsbereit und geben den Schwachen und Angstvollen Mut und Kraft. Wir kennen Tausende und aber Tausende solcher Männer, Frauen und Kinder. Wir danken Gott dafür, daß sie da sind. Wäre eure ganze Erde nur von solchen Menschen bevölkert, was für ein Danksagungsfest gäbe es da!

Zusammen mit euch werden wir den gütigen himmlischen Vater preisen für die herrlichen Schöpfergaben, die noch nicht durch den Mißbrauch der Menschen verfälscht und verdorben wurden. Wir danken ihm auch mit euch, weil Er euch mächtige Kräfte zur Rettung sendet, euch zu helfen, wo ihr in Fallen geraten und eure guten Impulse und Absichten von denen ihr stark beseelt seid, oftmals nicht ausführen könnt. Und wir danken ihm mit euch, wenn diese traurige, qualvolle Zeit der Läuterung vorüber sein wird und wir zuversichtlich eine glücklichere erwarten können, in der alle Dinge auf dieser Erde in vollkommener Harmonie gemäß dem unendlich großen genauen Plan des Meister-Architekten des Universums umgewandelt und neu gestaltet werden!

Diesem herrlichen und erhabenen Ziel weihen wir unsere

Herzen, Sinne und alle Fähigkeiten, bis unsere heilige Mission erfüllt ist und wir unseren geliebten Meister JESUS CHRISTUS auch auf Erden als König der Könige gekrönt sehen werden! Ihm sei Ehre, Preis und höchster Ruhm jetzt und immerdar!

Ashtar

8. Kapitel

JESUS in den Augen Ashtars

Ein Grußwort an alle meine Freunde, die ich durch diesen Kontakt erreichen kann. - Ich schließe mich euch an in der Verehrung und Anbetung des EINEN, der vor zwei Jahrtausenden Sich selbst erniedrigte und wie ein gewöhnlicher Sterblicher irdische Form annahm. Nicht sonderlich zu betonen brauche ich, daß ich Ihn lange vor dieser Einkörperung gekannt und Ihm tiefste Verehrung und Anbetung dargebracht habe!
Wie es möglich war, für irgendeinen Mann, eine Frau oder ein Kind, Ihn zu seiner Erdenlebenszeit kennenzulernen ohne liebende Hingabe ihrer Herzen an Ihn, bleibt für mich ein unergründliches Geheimnis. - So ist es mir heute eine Herzensfreude zu beobachten, wie immer weitere Kreise Ihn wahrhaft verehren und erkennen, was auch immer ihr besonderes religiöses Bekenntnis sein mag. Unsere Scharen vereinigen sich einmütig mit euch im Bestreben, der Ihm gebührende Ehre Ausdruck zu verleihen. Möchte es euch vergönnt sein, Seine majestätische Größe und absolute Einfachheit der Sprache in neuer erhabener Schau zu erkennen und, hört, die ganze Tiefe Seines Mitleids und der Erbarmung für die verirrten Kinder des Planeten Erde zu fühlen und zu begreifen!
- Euch, die ihr Ihn liebt, kann ich nur sagen: Würdet ihr Ihn kennen, wie ich Ihn kenne, so würdet ihr Ihn noch mehr lieben, viel mehr!

Ashtar

Venusische Verhältnisse

Es scheint mir angebracht, ein paar Worte über unsere Verhältnisse auf der Venus zu sagen. Unsere Heimstätten weisen einen Komfort auf, von dessen Pracht ihr euch keinen Begriff machen könnt. Ihre Pflege bedeutet

reine Freude; es gibt keine unangenehme Plagerei bei uns. Gäste zu haben, ist keinerlei Problem, außer in freudiger Bemühung, sich etwas für ihr Vergnügen auszudenken. Solche Pläne werden mit Eifer betrieben.
Der Besuch unserer Erziehungsanstalten (Schulen) ist frei, und die Wissenschaftszweige und ihre Praktische Anwendung sind so verschiedenartig und zahlreich, als daß jemals ein Schüler nicht genau die Art der Belehrung gefunden hätte, die für seine Begabung und Neigung am besten geeignet war. - Gefängnisse, Hilfsschulen für Minderbegabte, Irrenanstalten, ja sogar Krankenhäuser sind bei uns unbekannt. Sie würden alle leerstehen.
Sind nun diese und zahllose andere Wunder etwa durch eine Art Zauberei entstanden? - O nein, keineswegs! Wir haben sie uns erarbeitet! Und woher hatten wir unsere Unterweisungen bekommen? - Aus eben derselben Quelle, die auch euch zur Verfügung steht. Wenn euch daran gelegen ist, werde ich euch noch mehr darüber berichten.

Ashtar

9. Kapitel

Erdreinigung – Neue Entwicklungsphase durch Hilfe der Planetarier – Trostreiche Zukunftsaussichten

Bevor wir in unseren Betrachtungen über das fortschrittliche Neue Zeitalter weiterfahren, wollen wir uns kurz mit dem notwendigen Wandel der Lebensgewohnheiten bei den meisten Menschen befassen, damit sie den bestmöglichen Gebrauch von den neuen Kräften machen können, die zu ihrem Wohl freigegeben werden.
Zur Zeit dieser Niederschrift (Januar 1955) ist die atmosphärische Hülle der Erde mit giftigen Elementen durchsetzt, die der Gesundheit und Entwicklung des Menschenkörpers schädlich sind, ganz besonders denjenigen, die auf hochschwingende Frequenzen abgestimmt sind. Solche Menschen müssen ständig geschützt werden gegen die sie verletzenden Bestandteile eben derselben Luft, die sie einatmen müssen, um zu leben. Aber nicht allein die Luft, sondern auch die unsichtbaren, umstürzlerischen Gedankenströme überschwemmen manchesmal die geistige Atmosphäre und ersticken die zarten aufwärtsstrebenden Ranken der Hoffnung und des Gottvertrauens.
Um diesen und anderen gefährlichen Feinden entgegenzuwirken, die das physische und geistige Wohlergehen der Menschen bedrohen, werden gewisse Reinigungsprozesse von den unsichtbaren Wächtern eures Planeten durchgeführt, ohne welche ihr umkommen müßtet. Ihr habt schon des öfteren einen sogenannten „elektrischen Sturm“ beobachtet mit feuerwerkähnlichen Blitzen und habt nachfolgend eine Erfrischung der Atmosphäre verspürt, so daß es ein Genuß für euch war, die gereinigte Luft in tiefen Zügen einzuatmen. Dies ist nur eine der vielen Künste, um die im Äther auf euch lauernden Gefahren zu vermindern. Andere Bedrohungen für die

Gesundheit von Leib und Seele - diese sind miteinander verbunden wie Faden und Kette bei einem Gewebe - sind euch nicht so leicht verständlich zu machen.
Unter jedweden Umständen ist vollkommene Vorsorge getroffen für alle eure Bedürfnisse. Wenn ihr auch in dieser Übergangszeit auf viele ungewöhnliche Schwierigkeiten stoßen werdet, so braucht ihr nur GOTT um Beistand anzurufen, nach Seinem Willen tun, und es wird euch Hilfe zukommen, wenn auch oft auf eine wundersame, unerwartete Weise.
Beugt euch nicht unter das Diktat der Entmutigung und Verzweiflung, das euch durch die heute tobenden finsteren Mächte aufgezwungen werden soll. Gründet euer Vertrauen fest auf die erlösenden Kräfte, die euch der himmlische Vater sendet, um euch aus eurer gefahrvollen Lage zu erretten.
Wie ein Flugzeug den Brennstoff benutzt, der ihm die Antriebskraft gibt zu seinem Fluge hinaus aus dem schmutzigen Bereich der materiellen Welt, so nützet ihr die Mittel, die euch bereitet sind zu eurem Fluge in die reine Atmosphäre eurer gottgewollten Vollendung! Wenn ihr erst einmal mit jenen Strömen kosmischer Energie in Berührung gekommen seid, die mit immer mehr zunehmender Stärke die feine, ätherische Lebenskraft rings um euch durchdringen, so können euch keine schweren hemmenden Erdenschwingungen mehr im Banne von Krankheiten des Körpers und der Seele halten.
Bis zu dem Tag der Großen Erleuchtung wird es jedoch noch manchen Kampf geben, um zu jeder Zeit die Verbindung und vollkommene Harmonie mit dieser göttlichen Lebens- und Liebequelle zu erreichen und aufrecht zu erhalten. Dennoch liegt hierin euer Freiwerden aus der zermürbenden Notlage, die von der unaufhörlichen Reibung herrührt zwischen den überlebten Gewohnheiten und Systemen einer dekadenten absterbenden Zeit und dem herrlichen Neuen Zeitalter voll unerforschter Wunder auf allen Gebieten konstruktiver und fortschrittlicher Bestimmungen.

Völlig neuartige und reizvolle Möglichkeiten winken dem kühnen Forscher, der würdig sein wird, dem Empfänger erstaunlicher neuer Inspirationen und Kräfte zu sein, die darauf warten, ihm geschenkt zu werden. Nachdem die notwendige Säuberung eures Planeten beendet sein wird, dürfen ihm wunderbare Kräfte zufließen, von den sich die höchste Einbildungskraft der Wissenschaftler bisher nichts träumen ließ.
Hier noch ein weiterer Aufschluß für diejenigen, die begierig sind, von dem Stand der Entwicklung zu hören, der bis jetzt noch von keinem eurer kühnsten und unerschrockensten Forscher des unermeßlich großen Universums, voll unerschöpflicher Möglichkeiten zu fortschreitender Entfaltung erreicht wurde.
Von vornherein möchte ich betonen, daß wir nicht darauf aus sind, euch zu einem anderen religiösen „Dogma" zu bekehren als zu den einfachen Geboten, die niedergelegt wurden durch den göttlichen Meister JESUS CHRISTUS. Viele dieser selben Gebote werden durch erleuchtete Männer „Heilige und Seher", verkündet. Aber da die Erdenbewohner ihre Lehren nicht annahmen und nicht danach handelten, verließen sie eure Erde und verlegten ihr Tätigkeitsfeld auf andere Ebenen und Planeten, wo sie offene Herzen und Sinne fanden.
Ob ihr meine Behauptung glaubt oder nicht - Tatsache ist, daß es keine „verschlossenen Türen" gibt zwischen euch und den zeitweilig auf irgend welcher Sphäre oder Planeten lebenden Wesen - es sei denn, daß ihr aus reiner Unwissenheit und ganz verkehrter und unbegründeter Angst selbst die Türen zuschlagt und verriegelt. Es ist wohl klar, die „offene Tür" muß durch starke Kräfte immer geschützt werden, um das Eindringen unerwünschter Besucher zu verhindern. Aber ihr wißt ja, daß solche Wächter auf eure Bitten hin zur Verfügung stehen. (Betrifft feinfühlig und medial veranlagte Menschen, die selbst sowie deren Umgebung allzeit wachsam sein müssen, weil sie mehr als andere Menschen den Angriffen der Unterwelt ausgesetzt sind.)

Doch nun zurück zu den mehr praktischen Erscheinungen der fortschrittlichen Lebensbedingungen, deren sich die Bewohner der Venus und ähnlich erleuchteter Planeten erfreuen. Die ganze Umgebung und Atmosphäre dieser Planeten ist völlig durchsetzt mit Gedanken und Gemütsschwingungen, die zu klaren geistigen Begriffen und hohen Idealen führen. Somit könnt ihr leicht begreifen, daß es für uns kaum Probleme für unser Verhalten gibt. Kein Sterblicher - und wir sind im vollen Sinne Sterbliche - (Ashtar sagt also hier: seine Scharen sind keine Geistwesen, sondern Planetarier, die noch auf dem physischen Plan leben) hat es gern, wenn seine Mitmenschen auf ihn herabschauen.

Es ist für uns Ehrensache, nach den von uns aufgestellten Grundsätzen zu handeln. Und da wir diese Art zu leben ausgesprochen erfreulich finden, kommt es äußerst selten vor, daß die Jugend bei uns ihr Vergnügen in nutzloser Beschäftigung sucht. Tatsächlich sind sie viel zu sehr davon erfüllt, sich hervorzutun innerhalb ihres erwählten Berufes. Es werden auch oft „Prüfungen" veranstaltet, die ihr wohl „Ausstellungen" oder „Messen" nennen würdet. Hier werden viele Gegenstände zur Schau gestellt und Auszeichnungen verliehen für besondere Geschicklichkeit, Originalität und Behendigkeit, die sie zeigen auf technischen, künstlerischen, geistigen und anderen Gebieten. Es hat sich herausgestellt, daß diese Methode - das Streben nach Erreichen einer immer höheren Stufe der Vervollkommnung zu ermutigen mit angemessener Anerkennung jedes erreichten Fortschritts - oft Wunder wirkt bei denen, die sonst zum Nachhinken neigen.

Wir haben persönliche, durch Bildfunk festgehaltene Aufzeichnungen über den Fortschritt, den jeder in unseren Schulen eingetragene Schüler macht. So stehen sie sozusagen in Wettbewerb mit ihren eigenen bisherigen Leistungen und denen anderer Schüler, die annähernd auf der gleichen Stufe stehen.

Wenn ihr eine solche Erziehungsweise betrachtet, werdet

ihr begreifen, auf welche Art die „jüngere Generation", wie ihr sie nennt, in den Stand gesetzt wird, die Grundlehren zu studieren, um dann die wichtigen feinstofflichen Eigenschaften auszunutzen, die in den starken magnetischen Kraftströmen enthalten sind, die unseren Heimatplaneten umfluten.
Wie wir beobachtet haben, besteht in den Köpfen vieler Erdenmenschen die ganz verkehrte Ansicht, daß die von uns erreichte Art zu leben reichlich reizlos und eintönig sein müßte. Nichts könnte der Wahrheit ferner sein! Unser Leben ist im Gegenteil übervoll von stets weiter gespannten Interessen und emsiger Tätigkeit! Als kleines Beispiel, was ich damit meine, könnte ich die ständigen Verbesserungen anführen, die ihr an euren Automobilen und Haushaltsgeräten vornehmt. Deren Antriebsweise und Zweckmäßigkeit ist auch bei euch ständiger Überprüfung zwecks Vervollkommnung unterworfen.
Warum zweifelt ihr und wundert euch, daß wir auf unserem Planten, auf dem alle Kriege seit undenklichen Zeiten abgeschafft und jegliche Art von teuflischen Zerstörungspraktiken unbekannt sind, eine Selbstverwaltung entwickelt haben, welche die persönliche Entschlußkraft zum Besten der Allgemeinheit fordert?! Jede Gemeinschaft bildet eine vollkommene Einheit auf einem stetig fortschreitenden Planeten von überragender Schönheit, auf dem die großartigsten Leistungen vollbracht werden. Unser Wissen, unser Können, unsere gesamten technischen Mittel und die Fähigkeit, sie zu gebrauchen, all das steht euch zu Diensten, sobald ihr euch willig erweist zu lernen und euch an die kosmischen Gesetze zu halten, denen wir gehorchen.
Im Namen unseres geliebten Führers JESUS CHRISTUS segnen und grüßen wir euch in Liebe!

Ashtar und seine mächtigen Scharen

10. Kapitel

Eindringlicher Ratschlag eines hohen Engels

Mein heutiges Wort betrifft einen hochbedeutsamen Gegenstand, nämlich: Die Mission der - wie ihr sie irrtümlich nennt – „Fliegenden Untertassen“ und ihrer Insassen. Es ist unser Wunsch, sie klar und so schnell wie möglich als die Abgesandten von fortgeschrittenen Planeten anzuerkennen, die auf Geheiß der das gesamte Weltall regierenden Hierarchie zu euch kommen, die verantwortlich sind für das Fortbestehen der würdigsten Vertreter aus dem Menschengeschlecht des Planeten Erde.
Durch die ganz große Dummheit und Unwissenheit eurer Regierungen haben die Menschen einen Mantel des Zweifels und des Mißtrauens über die gesamte Streitfrage gebreitet, die sich um das wahre Wesen und Ziele der Gesandten aus dem Weltall dreht. Sie sind nicht den Launen derer ausgeliefert, die sie gefangennehmen, einkerkern und foltern lassen würden in dem vergeblichen Versuch sie zu zwingen, ihre geheime Kraftquelle zu enthüllen. Kommandos aus dem Weltenraum können und werden an der Durchführung ihrer Mission nicht gehindert werden. Ashtar wird euch nach seinem Ermessen weitere Einzelheiten enthüllen über die ihm und seinen Scharen vom Himmel aufgetragene Aufgabe an der Menschheit.

Selbstlosigkeit der Planetarier - Aufforderung zur Mithilfe

Grüße von Ashtar und seinen fliegenden Legionen! Bevor ich einen kurzen Überblick über das gebe, was wir in Kürze zu vollbringen haben werden, möchte ich sicher sein, daß jeder einzelne, der meine Aufgaben liest, meine unter Eid gegebene Erklärung völlig versteht und annimmt, nämlich: Wir Außerirdischen haben persönlich nichts, absolut nichts zu gewinnen durch diese mühevolle

und schwere Aufgabe, der wir uns geweiht haben, solange es auch dauern mag, sie erfolgreich zu Ende zu führen. Unsere einzige Belohnung wird in der Befriedigung bestehen, die jeder empfindet, nachdem er ein lobenswertes Ziel glücklich erreicht hat, oder vielmehr die erhabene Freude zu wissen, daß wir unsere Rolle ehrenhaft gespielt haben bei der bevorstehenden geistigen Erleuchtung des ganzen Erdballs, damit euer und unser Meister Seine Herrschaft auf einer Welt antreten kann, die vollständig erneuert und der ihre ursprüngliche Schönheit zurückgegeben wurde, ja sogar noch mehr, sobald die Menschen die Vorzüge der neuen Lebensordnung begriffen haben, bei deren Errichtung wir helfen werden. Ist es nicht zu eurem eigenen Vorteil, wenn ihr unsere Hilfe freudig annehmt, wodurch unsere Bemühungen vervielfacht und weiter ausgedehnt werden könnten?
– Viele sehr feine prächtige Menschen tun das jetzt schon! Das sind jene, die ihre Erlebnisse machten, durch Veröffentlichung und in Vorträgen dafür eintreten; im weiteren Sinne die Übersetzer, Herausgeber und Mitarbeiter an diesem großen Aufklärungs- und Errettungswerk. Das gibt uns den Ansporn den wir brauchen, um uns weiter um das Vertrauen und die Mitarbeit von allen verständigen, rechtschaffenen Menschen zu bemühen.
Durch die von mir zur Zeit angewandte Methode wird vielleicht nur die Neugier Vieler erweckt; aber wir meinen, daß wir auf möglichst verschiedene Art und Weise in Erscheinung treten müssen, um genügend überzeugende Beweise zu erbringen, damit wir unsere Pläne ohne verheerende Eingriffe ausführen können – verheerend nicht für uns, aber gerade für diejenigen, zu deren Rettung wir gesandt wurden. So gerne wir etwas anderes sagen würden, zwingt uns jedoch unsere Wahrheitsliebe, euch zu warnen: Die Situation ist sehr ernst! Denkt folgerichtig! Seid mutig! Vor allem, gehorcht dem dringlichsten Naturgesetz: dem Gesetz der Selbsterhaltung! Wir sind hier um zu helfen! Legt Hand an!

Ashtar

11. Kapitel

Praktische Vorschläge - Vorbereitung zum Auftreten planetarer Experten

In den Herzen und Sinnen vieler Menschen in diesem Lande (Amerika), in geringerem Maß auch in anderen Ländern, hat sich die entscheidende Wandlung vollzogen. Während man bisher unser Erscheinen und unsere Raumschiffe als merkwürdige Phänomene ansah, die man nur mit Argwohn oder Achselzucken betrachtete, sowie als nicht im Zusammenhang stehend mit den laufenden Ereignissen - so erwägt man nunmehr ernsthaft unsere Beteiligung in einem künftigen „Konflikt". (Sternenkrieg - SDI)

Ich will euch nun hier wissen lassen, daß wir ganz bestimmt eingreifen werden, um dieses und jedes andere Land auf dem Planeten Erde zu beschützen, das sein Vertrauen in Gott den Allmächtigen und seinen Sohn setzt.

Wir sind oft gefragt worden, welche Art von Mitarbeit wir von euch erwarten? - Die nachfolgenden Vorschläge und Anregungen mögen euch Anhaltspunkte geben für unsere Erfordernisse. Anderes wird euch selbst zu gegebener Zeit einfallen an Ort und Stelle.

1. Verschafft euch aus allen zuverlässigen Quellen soviel Informationen wie ihr nur könnt - lehnt es ab, bei anderen irgendwelche Zweifel aufkommen zu lassen über unsere Aufrichtigkeit und Fähigkeit, alle Weisungen ausführen zu können, die wir von unserer „Obersten Leitung" erhalten!

2. Gebt Informationen durch alle euch offenstehenden Kanäle weiter, ohne aufdringlich zu sein. Es ist eine gebieterische Notwendigkeit, die Öffentlichkeit auf unsere Gegenwart und auf unsere Absichten sowie Ziele aufmerksam zu machen. Dazu wäre noch zu sagen: Verkündet eure Informationen am besten als „Neueste Nachrichten". Benutzt das Telefon, eure Privatkorrespondenz

und gelegentliche Unterhaltungen mit Fremden, um das heilsame Interesse an dem Gegenstand und Gebiet zu fördern, indem ihr taktvoll den Eindruck erweckt: es sei unzeitgemäß, heute noch unsere Existenz abzuleugnen und unsere freundschaftlichen Absichten anzuzweifeln.

3. Regt die Bildung von Klubs und kleineren Gruppen an, die sich zu bestimmten Zeiten regelmäßig treffen, um die neuesten Nachrichten aus dem Weltenraum auszutauschen und zu besprechen. Legt besonderen Nachdruck auf die Tatsache, daß es unser vordringlichstes Ziel sein muß, die Grundübel zu beseitigen, von denen die unverantwortliche Anwendung neuentdeckter Kräfte ausgehen, die diesen Planeten vollständig aufzulösen imstande sind, und außerdem in seiner nächsten Nachbarschaft (Mond und Planeten) allen lebendigen Lebensformen nicht wiedergutzumachenden Schaden zufügen würden.

Wir wissen, wann der Höhepunkt bei den machtbesessenen Herrschern, das Verderben auszulösen, erreicht sein wird. Nur im Hinblick auf diese furchtbare Bedrohung wurden wir aufgefordert, unsere heutige Mission zu übernehmen, und sind bevollmächtigt worden, einzugreifen, um die Vernichtung der Erdenbewohner zu verhindern.

4. Je nachdem sich die Gelegenheit bietet, laßt eure Freunde wissen, daß wir nicht als Abenteurer kommen, noch etwa als Wissenschaftler, die neue Erkenntnisse erwerben wollen. Was könnten wir schon in euren Laboratorien mit ihren veralteten Einrichtungen (nach unseren Begriffen) lernen, oder welche Befriedigung können wir finden an dem Wirrwarr sinnloser Meinungsverschiedenheiten auf geistigen, physikalischen oder politischen Gebieten?

Es wird gut sein, nochmals die Tatsachen zu betonen, daß eure innersten Gedanken und Wünsche wie auch eure Taten eine unübersteigliche Mauer errichten oder aber den Berührungspunkt schaffen zwischen euch und uns, je nachdem ihr die auf wahren CHRISTUS-Grundsätzen aufgebaute Lebensweise ablehnt, oder ob ihr übereinstimmt mit unserer Auffassung vom aufbauenden und fortschrittlichen Leben. Wir haben einen langen, mühseligen Entwicklungsprozeß durchgemacht, bis wir gelernt haben, alles das wieder zu schätzen und dessen Wert zu begreifen, was das Leben im Einzelnen und Tiefsten als Hauptinhalt zu bieten hat, nachdem wir zum ersten Mal das Glück hatten, daß weise und geduldige Lehrer aus dem Himmelsraum zu uns kamen.

Was wir vor undenklichen Zeiten für uns taten, bieten wir euch jetzt an, für euch zu tun! Aber es ginge uns gegen die Ehre, wollten wir euch zwingen, unsere Dienste als Lehrer anzunehmen. Eins kann ich euch aber hoch und heilig versprechen! Sollte unser Anerbieten wirklich praktischer Hilfe willkommen und die notwendigen vorbereiteten Schritte getan sein, dann würden wir mit großer Freude euch alles Wissen übermitteln, das wir besitzen. Doch nicht nur das; wir würden euch viele unserer Fachleute sowie Lehrer "leihen", die in allen Zweigen der Kunst und Industrie erfahren sind, um euch in alle von uns erprobten Geheimnisse einzuweihen, die sich hundertprozentig wirksam erwiesen haben, um eine Welt von unbeschreiblicher Schönheit, voll endlosen Entzükkens erstehen zu lassen.

Bevor ihr jedoch einen rechten Begriff von einem solchen Planeten und einem solchen Leben euch machen könnt, wäre es unklug, euch zu uns in mein Heim auf der Venus einzuladen.

Ashtar

12. Kapitel

Gesteigertes Leben bei den Venusiern

Botschaft an die Erdenmenschen

Nun will ich fortfahren mit der Beschreibung unseres Lebens als geeignete Einleitung für unser wohlerworbenes Vorrecht, aus dem heraus wir in unserer jetzigen Eigenschaft dienen dürfen; nicht ausgesprochen als Lehrer, sondern mehr in der Rolle „älterer Brüder“, die jeden Vorwärtsschritt leiten, ermutigen und loben, den unsere Kameraden auf Erden tun. Bis JESUS CHRISTUS von der Menschheit in wahrer Verehrung und Treue angenommen wird, sind wir durch unser unverbrüchliches Ehrenwort gebunden, in jeglicher Weise zu dienen, um eure Entwicklung zu beschleunigen.

Doch nun zu unserer Aufgabe, unsere Freunde auf der Erde aufzuklären über so manche Begriffe, die unsere Lebengewohnheiten „zu Hause“ betreffen und die uns ein Höchstmaß von körperlichem Wohlbehagen bereiten. Wir genießen die erhebenden Freuden unseres Daseins, die ihr irdischerweise zu verlieren fürchtet bei eurem Übertritt in die sogenannte „vierte Dimension“. Wohl bedarf es einiger Zubereitung, um in diese feinstofflicheren Welten einzutreten und in vollstem Maße teilzunehmen an den uns vergönnten kostbaren Vorzügen. Jedenfalls kann ich euch nur eindeutig versichern, daß unser Glück über die Erfüllung eines jeglichen Wunsches – seitdem wir das Geheimnis gelernt haben, uns nur das zu wünschen, was zu unserem Heil dient – alle eure im bisherigen Erdenleben gemachten Erfahrungen so weit übertrifft, daß wir um ausreichend starke Worte verlegen sind, euch diese Wonnen begreiflich zu machen!

Wenn ihr zum Beispiel den mächtigen vollkommenen Wohlklang eines planetarischen Orchesters vernehmt oder die kristallklaren Töne einer herzbewegenden Melodie, gesungen von einer engelreinen Stimme – wenn ein

Duft von unvergeßlicher Süße euch zugeweht wird und ihr wißt nicht woher – wenn ihr eine geistige Schau erlebt von einer bezaubernd schönen Landschaft, vielleicht sogar von der Venus – wenn eine Entzückung euer ganzes Sein ergreift, die eure Herzen mit Liebe zu aller Kreatur entflammt zu jedem Lebewesen von der kleinsten Blume bis zum großen Beherrscher der Wälder, mit Liebe zu allen Sterblichen, die den allmächtigen Schöpfer anbeten. Oder wenn ihr den vollen Duft eurer köstlichen täglichen Mahlzeit unmittelbar aus dem unvergleichlichen Vorrat der Natur – unverfälscht durch menschliche Pfuscherei - genießt, habt ihr dann nicht einen verlockenden Vorgeschmack bekommen von den „Sinnesfreuden", die viele Menschen glauben entbehren zu müssen, wenn sie ihre irdische Heimat verlassen, die ihnen doch nur einen dürftigen Anteil an reinen wahren Freuden gewährt hat? Jawohl, es ist eine unglaubliche Tatsache, daß wir alles das, was ihr als wirkliche Annehmlichkeiten während euerer sogenannten „materiellen Existenz" empfunden habt, beibehalten, wenn auch in erweiterter, gesteigerter Form, die unserer empfindsameren Aufnahmefähigkeit entspricht. Wir haben ein scharfes Gehör und sind besonders empfänglich für Gerüche, obgleich, es bei uns keine für unsere besonders feinen Nasen unangenehmen Gerüche gibt. Wir besitzen ein sehr klares Sehvermögen, das in Fernen reicht, die euren Augen verborgen sind, so fachkundig und geschickt euer Augenarzt oder Optiker auch sein mag. Unser Gefühl- oder Tastsinn ist sehr rein entwickelt, denn die Gegenstände bei uns sind aus feinerem Stoff als bei euch. Tatsächlich können sie allein schon durch unsere Willenskraft verändert oder aufgelöst werden. Wäre ein solches Verfahren übrigens nicht wünschenswert bei den halbzerbrochenen Möbelstücken anzuwenden, die ich auf euren sogenannten Dachkammern bemerkt habe? –
Bitte! Ich habe größten Respekt und Bewunderung für jeden, der das Beste aus seiner Habe macht, und sei sie noch so armselig; – aber ich dachte an das, war ihr als

„Gerümpel“ bezeichnet und was ohne vernünftigen Grund aufgehoben wird*).

Bis jetzt habe ich die geistigen Gesichtspunkte unseres Lebens noch nicht berührt; sie sind uns aber teurer als alles andere. Unser Leben ist reich erfüllt von sich immer mehr steigernder Würdigung der Segnungen, die uns zufließen, wenn wir unserer höchsten Sehnsucht freien Ausdruck verleihen.

Das nächste Mal werde ich versuchen, euch noch weiteres anzuvertrauen, so auch unsere Pläne für eure Glückseligkeit. Bis dahin nehmt meine Liebe und wärmste Dankbarkeit für die Beweise eures Vertrauens und eurer Zuneigung. Gott segne euch.

Ashtar

---

*) Wir ersehen hieraus, wie die Raum-Wesen sowohl über Wichtiges als auch jede Kleinigkeit unserer Verhältnisse orientiert sind. Bei ADAMSKI, ANGELUCCI und DAN FRY zeigt sich ein ähnliches Orientiertsein. d. H.

13. Kapitel

Eine Osterbotschaft von JESUS

Ich bin das A und O, der Anfang und das Ende. Ich will den Durstigen geben von dem Brunnen des lebendigen Wassers umsonst. Wer überwindet, der wird es alles ererben, und Ich werde sein Gott sein, und er wird mein Sohn sein (Offbg.21;6-7).

An jeden einzelnen von euch richte ich diese Worte zum Darnachhandeln. Möchtet ihr sie lesen und in eurer Herz aufnehmen und möchtet ihr sie durch euren bewußten Denkvorgang verstehen.

In diesem, seinem Höhepunkt zueilenden Zeitablauf werden von seiten aller Lichtkräfte verstärkte Anstrengungen gemacht, um in jede noch so winzige Öffnung der menschlichen Sinne und Herzen einzudringen mit der alles erleuchtenden Kraft der CHRISTUSLIEBE. Und ICH, JESUS CHRISTUS, Der Ich einst in menschlicher Gestalt erschienen bin, möchte jeder Menschenseele wenigstens einen Schimmer Meines verklärten Seins vermitteln ehe die große Masse der Menschheit bis zu dem Punkt gebracht sein wird, daß sie sich übermächtig danach sehnt, Mich im Geist der Wahrheit, der als treibende Kraft all Meinen Worten und Taten zugrunde liegt, zu erkennen. In diesem Augenblick betet ihr um den sichtbaren Beweis der Wirklichkeit des EINEN, Der vor 2000 Jahren ins Fleisch kam, damit euer Glaube bestätigt werde, und im nächsten Moment verlacht und verhöhnt ihr Nichterkennende jeden, der euch von Wesen erzählt, die von Mir gesandt, die noch nicht aus den Himmelssphären stammen, sondern „nur“ von fortgeschrittenen Planeten.

Die Planetarier sollen die Menschheit in einen Teil des Wissens geistiger Gesetze einführen, wodurch den Irdischen die Möglichkeit des Fortschreitens gegeben wird. Meine Wahrheits- und Lebensworte sind von der Mehrheit der Menschen verworfen worden als „undurchführbar“: sie wurden entstellt und verdreht als „unnütze Wie-

derholungen“, bis sie beinahe alle ihre Kraft verloren haben, um die Seelen der Menschen zu durchdringen. Sie wurden verbannt in den Bereich als kindlich „nette Geschichten“ und wurden beiseitegeschoben, sobald die Kinder heranwuchsen.
Glaubt ihr wohl, daß dies die geeigneten Vorbereitungen sind für Mein Erscheinen in menschlicher Gestalt? Wenn ihr der einen und einzigen Wahrheit gemäß jede Stunde des Tages in bewußter Übereinstimmung mit eurem HERRN und himmlischen VATER lebt, so bringt Mich das euch näher als endlose Stunden des Nachdenkens über diese oder jene Theorie vom Sinn des Lebens. Wolltet ihr Mich nur erkennen in Meinem geistigen „In - Erscheinung - treten“, Der Ich euch zur Seite wandle, wohin auch immer eure Pflicht euch ruft, indem Ich euch enthüllte, auf welche Weise ihr am besten die Aufgaben erfüllt, die euch erteilt wurden, ehe ihr für eine Spanne Zeit euren Erdenweg antratet.
Viele von euch, die ihr jetzt diese Meine geschriebenen (und gedruckten) Worte lest, sind hier als (inkarnierte) Abgesandte von weit im fernsten Weltenraum verstreuten Himmelskörpern und haben sich freiwillig erboten, die Beschränkungen einer körperlichen Existenz auf sich zu nehmen, damit sie auf irgendeine Weise mithelfen können, die Herzen der Erdenseelen hinzuwenden zu einem wahrhaft christlichen Lebenswandel. Diesen Eingeweihten sage ich: Sehet, Ich werde euch - vielleicht auf eine Weise, die ihr nicht erwartet - eine wahre Schau eures HERRN und Seiner grenzenlosen Liebe zu euch geben!
Würdet ihr vorziehen, Mich im strahlenden Glanze Meiner himmlischen Herrlichkeit zu erblicken, der euch derartig blenden würde, daß ihr euch Mir im Erdenkleide nicht nähern könntet? - Oder soll Ich zu euch kommen im nahtlosen Rock, mit vollkommenem Verständnis für eure Verhältnisse und Probleme? - Ich bitte euch inständig, entscheidet euch für das letztere, dann wird euch zu gerechter Zeit euer treuer Dienst, den ihr in Meinem

Namen und mit Meiner Kraft geleistet habt, zu der von eurem himmlischen Vater bestimmten Stunde führen, in der ihr euren HERRN von Angesicht zu Angesicht schauen werdet! Siehe, dies wird dein eigner, nie endender Auferstehungsmorgen sein, dein seliges Wiedererkennen deines immer gegenwärtigen Freundes und Beraters,

deines FRIEDEFÜRSTEN

Vom Segen verwirklichter Nachfolge CHRISTI

Was könnte ein demütiger Weltraummensch der Osterbotschaft unseres Meisers JESUS hinzufügen, das die wunderbare Einfachheit seiner Worte nicht schmälern würde? - Wir, die wir als „Boten und Befreier von den Mächten der Finsternis" kommen, die euren Planeten gefangenhalten, flehen euch an, die ernste Warnung wohl zu beachten, die in dieser Oster-Botschaft verhüllt liegt. Erhebt eure Seelen auf eine höhere Ebene, auf daß ihr den Glanz ertragen könnt, der dem verklärten Kreuz entströmt, welches das Symbol unseres auferstandenen HERRN ist, für ewig befreit von den Fesseln des Erdenlebens.

Es ist gesagt (1.Joh.3;2): „Wir wissen aber, wenn Er erscheinen wird, daß wir Ihm gleich sein werden; denn wir werden Ihn sehen, wie Er ist."- Ich versichere euch: dieses ist buchstäblich wahr. Wir haben es selbst erfahren; denn als wir die Göttliche Reinheit Seines Lebens und Seiner Lehren während Seines Erdenwandels erblickten und unser Leben mit dieser Schau in Übereinstimmung brachten, erreichten wir einen Punkt des so tiefen Begreifens, daß wir imstande waren, „Ihn zu schauen", nicht nur mit unseren geistigen Augen sondern bis heute auch mit unseren sehend gewordenen physischen Augen. Und ich kann wahrheitsgemäß sagen, daß wir den beinahe unfaßbaren Vorzug haben, Ihn bei vielen Gelegenheiten gastlich aufnehmen zu dürfen, wenn Er die Venus besucht!

Es mag mancher den Spruch anzweifeln: „Der Christusgeist wohnt mitten in euch!“ Aber wir können es nur freudig bestätigen! Und dieses Christus-Leben tritt in mancherlei Weise in Erscheinung auf allen Ebenen und Planeten. Der Geist der Güte, des Mitleids, der Barmherzigkeit, der Freude, der Schönheit, der Liebe in all ihren mannigfältigen Formen; all diese sind der Abglanz des Christusgeistes, den unser Meister uns so herrlich vorlebte zu unserer Nacheiferung während Seines Verweilens auf der Erde. Jeder Sterbliche, der versucht, in Seine Fußstapfen zu treten, zieht wie ein Magnet solche Wesen auf die Erde herab, die berechtigt sind, mitzuhelfen bei der Wiederherstellung jener sowohl materiellen wie geistigen Schönheit, die sie ursprünglich nach dem Willen des Schöpfers besaß! Und so ist es unser großes Vorrecht, bei dieser Wiederherstellung zu helfen unter der Leitung eures und unseres HERRN JESUS CHRISTUS! Ein herrliches Osterfest euch allen, an dem auch wir teilnehmen, samt den himmlischen Heerscharen, die über euren Widerhall jubeln „Kommt höher zu uns!“

Ashtar

14. Kapitel

Lichtströme neuer Erkenntnisse und Erfindungen – Methodik der Erwählung – Ashtars Botschaft über Telepathie

Wenn es möglich wäre, daß ihr mit euren Augen die Szenen sehen könnt, die gegenwärtig auf den astralen Ebenen in nächster Nähe der Erde stattfinden, dann würde so manche beklemmende Angst und Unruhe von euch weichen, die euch bedrückt hinsichtlich der gewaltigen Auseinandersetzungen, die sich jetzt abspielen vor euren Augen und Ohren zu eurer bewußten Wahrnehmung.
Bald wird euer höheres Bewußtsein euch einen matten Schimmer übermitteln von den Umwandlungen die eben jetzt auf der Erde vorbereitet werden. Diese Veränderungen machen sich zuerst auf den astralen Ebenen bemerkbar, bevor eure Helfer auf der Erd-Physis unter mannigfaltig verschiedenen ungewöhnlichen Umständen in Erscheinung treten werden.
Diejenigen, die sich am eifrigsten ihrer Ankunft entgegenstellen, werden häufig - ganz unwissentlich - als ihr größter Förderer handeln. Viele Menschen werden sich abwenden, wenn sie die fürchterlichen Verheerungen sehen, die von den Anhängern antigöttlicher Lehren angerichtet werden, und sie werden sich dann den Plänen zu deren gänzlicher Ausrottung widmen. In diesem Bemühen und Kampf werden sie übernatürliche Hilfe erhalten.
Nach der Zerstörung dieser verderblichen Kräfte besteht eine augenscheinliche Notwendigkeit für ein gut eingespieltes Programm, das ersonnen wurde, um die gestaltenden Kräfte anzufeuern und das Verlangen bei allen Mitgliedern der menschlichen Familie zu erwecken, mitzuwirken an dem großen allumfassenden Plan, gemäß ihrer eigenen persönlichen Fähigkeiten!
Jede Begabung, die die Menschen besitzen kann eingefügt werden in das Mosaik der Betätigung für das NEUE

ZEITALTER. Auf diese Weise werden alle diejenigen, die ehedem Fehlschläge, Niederlagen und Enttäuschungen erdulden mußten, eine neue Welle des Vertrauens in ihre Befähigungen verspüren. Sie werden ihrer klar erwiesenen Begabung folgen für irgendeine bestimmte Betätigung zum Wohle der Allgemeinheit und sie zum erfolgreichen Ende führen, sei es auf Gebieten der Forschungen und Erfindungen oder technischer Geschicklichkeit.

Zu diesem Zweck ist bestimmt worden, daß viele Türen zu einem Wissen, die den Menschen bis jetzt verriegelt waren, denjenigen geöffnet werden sollen, die, durch oft für unrecht gehaltene Prüfungen, sich trotzdem würdig gezeigt, jetzt die Gaben zu empfangen, die sie so lange begehrt haben. Ihnen wird der Schlüssel gegeben werden zu Geheimnissen, die lange den sterblichen Augen verschleiert waren bis zur geeigneten Zeit für ihre Enthüllung.

Es werden viele verschiedene Methoden angewandt werden für die Übermittlung dessen, was für viele aufsehenerregende neue Tatsachen sein werden in bezug auf unsichtbare, jedoch außerordentlich mächtige Kräfte, die aber - wie weise! - von einem intellektuellen Standpunkt aus nicht berührt, ja nicht einmal erfaßt werden können. Die notwendigen Hilfen zur Aneignung solcher höheren Kenntnisse werden aber nicht zufällig und aufs Geratewohl gegeben werden. Viele Umstände müssen berücksichtigt werden bei der Verleihung solcher Gaben. In der Hauptsache kommt es dabei auf den Charakter desjenigen an, der nach einer bestimmten Art von Belehrung forscht und auf seine Absicht. Diese Tauglichkeit kann am besten festgestellt werden durch eine genaue Überprüfung seiner Bestrebungen und der von ihm in vergangenen Inkarnationen erreichten Leistungen. Eine solche Untersuchung geschieht natürlich von einem sehr fortgeschrittenen Führer oder Lehrer oder einem Spezialisten, der für diese Aufgabe eigens eingesetzt wird. Die Person, deren vergangene persönliche Geschichte einer

solchen Erforschung unterzogen wird, wird selbst nicht befragt noch weiß sie von dem Vorgehen. Wir möchten hier die Bemerkung einfügen, daß viel hochentwickelte zur Zeit auf Erden lebende Männer und Frauen einer solchen Untersuchung unterzogen wurden und gemäß ihrer Bewährung ihre Zulassung zur Leitung durch Eingeweihte gutgeheißen wurde, die nur auf den Augenblick warten, wo sich die Menschheit lossagt von der Herrschaft der zerstörenden Kräfte, um mit ihren Schülern ihre gemeinsame Arbeit zu beginnen.
Diese emsige Gemeinschaft zwischen einem Menschen, der in enger Berührung mit der materiellen Welt lebt und einem Wesen, das in direktem Kontakt mit himmlischen Wesen steht, wird eines der großen Wunder des „Neuen Zeitalters“ sein. Die Person, die einer solchen Gemeinschaft gewürdigt wird, mag sich solcher Unterstützung nicht bewußt sein und wird vielleicht die plötzlichen Geistesblitze einer Intuition zuschreiben; aber sie wird sicherlich erkennen, daß sie aus höherer Quelle stammen als aus ihrem eigenen Verstand.
Jedenfalls kann gut voraus gesagt werden, daß in fast allen Fällen sich eine so enge Gemeinschaft schließlich herausbilden wird, daß es für die beiden Zusammen-Arbeitenden möglich sein wird, sich ganz nach ihrem Willen von der vierten zur dritten Dimension hin und her zu besuchen, und zwar sehr zu ihrem beiderseitigen Vorteil und zu ihrer Freude!
Ein neues Band ist geknüpft worden zwischen den Bewohnern des Planeten Erde und der Schar schimmernder Himmelskörper, die ihr als „Sterne“ seht, die zusammen das funkelnde nächtliche Firmament bilden, welches ihr „über euch“ wahrnehmt.
Wenn doch alle Menschen es erfassen wollten, daß durch das Vorhandensein dieser leuchtenden Gestirne - ganz gleich wie weit entfernt sie nach menschlicher Berechnung auch sein mögen – die endgültige Gewißheit gegeben ist, daß auch euer „dunkler Planet“ im Verlauf der Zeiten einen ähnlichen Entwicklungsgrad erreicht –

es sei denn, daß der Mensch sich anders entschließt. Wenn diese Tatsache den Menschen zum Verständnis gebracht werden könnte, würde sie wohl von den Bewohnern dieser und anderer fortgeschrittener Sphären einen freundschaftlichen Rat annehmen, und sie würden großen Nutzen ziehen können aus den von uns erprobten Kenntnissen von der segensreichen Wirkung der universalen kosmischen Gesetze, wenn sie richtig zum Aufbau angewendet werden.

In letzter Zeit ist viel berichtet worden über sichtbare Begegnungen von Weltraummenschen mit Bewohnern der Erde, in den verschiedensten Gegenden des Planeten. Es wurde behauptet, daß die Verständigung zwischen ihnen durch „Gedankenübertragung" oder durch Anwendung von Telepathie erfolgt sei. Dieses beleuchtet die Möglichkeit, der bisher wenig Beachtung geschenkt wurde von denjenigen, die gerne mehr Aufschluß hätten über alle jene, die „Unbekannte Flugobjekte" mit rasender Geschwindigkeit daherfliegen sahen. Nichtorientierte sind vielfach durchdrungen von dem Gedanken an eine Invasion von „feindlichen Mächten" - sichtbar oder unsichtbar - daß sie den Gedanken an eine friedliche Annäherung zurückweisen, an einen freundschaftlichen Besuch ihrer Nachbarn, die sie doch gerne artig willkommen heißen möchten in der auf sämtlichen Himmelskörpern gemeinsam tätigen Bruderschaft, die sich einer äußerst begehrenswerten Ausübung erfreut, die aber allein durch ein Leben im Einklang mit dem Kosmischen Gesetz zu erreichen ist.

Es ist unsere Hoffnung, eure Aufmerksamkeit zu erregen und euer Vertrauen zu gewinnen durch unser sichtbares In Erscheinung treten in mannigfaltiger Art. Jedoch glaubt keinesfalls, daß dies unser Hauptanliegen sei.

JESUS CHRISTUS vollführte viele große Taten, während ER als Mensch unter Menschen lebte, und doch bestand Seine wahre Mission darin, den Erdbewohnern den Sinn des Lebens hier und zukünftig, zu lehren.

Und so sind wir hocherfreut, weil unsere Aufgabe auf Erden von vielen erkannt wird, mit denen wir in Berührung kommen und mit denen wir uns unterhalten während der Nachtstunden in denen ihre Körper im Schlafe liegen.*) Die Gedanken, Begriffe und Wahrheiten, die wir ihnen in diesen nächtlichen Unterhaltungen enthüllen, werden aufbewahrt in ihrem „Unterbewußtsein“ (bzw. „Überbewußtsein“). Tatsächlich bedeutet es eine viel wirksamere Hilfe, um die bisher gehemmte Erleuchtung dieses Planeten zu beschleunigen, wenn die „Gedankenströme“ in die rechten Kanäle umgeleitet werden, als wenn wir naturwissenschaftliches Erkennen übermitteln. Eine Wissenschaft, die für zerstörende Zwecke verfälscht wird, wirkt sich als tödliche Bedrohung aus! Aber eine Wissenschaft, die in Bahnen heilsam vorwärtstreibender Wirksamkeit gelenkt wird, wodurch die Menschenrasse auf eine höhere Lebensstufe gemäß ihrer gottgewollten Bestimmung abgehoben werden kann, wird das Neue Zeitalter verwirklichen, das im Bewußtsein aller erweckten Seelen dämmert.

Unsere neuerlich hergestellte Verbindung mit solchen Seelen ist von tiefgehender Bedeutsamkeit für uns und verspricht eine überragende Rolle zu spielen bei der Befreiung der Erde von der Herrschaft der sichtbaren und unsichtbaren Zerstörungskräfte.

Wir bieten euch von ganzem Herzen unsere Unterstützung an, bei jeglichem Bemühen und Bestreben, das die Erleuchtung eurer Seelen und eures Verstandes betrifft, ja sogar der Materieteilchen der Erde, die eure Füße betreten!

Möge unsere Mission auf der Erde von JESUS CHRISTUS gesegnet sein.

Ashtar

---

*) Siehe Parallelen zu Tuella „In Erden-Mission“ (Ventla 1989); Ihre nächtlichen Raumschiff-Besuche im Astralkörper. Auch sie erhielt zahlreiche Botschaften von Ashtar übermittelt

15. Kapitel

Die zukünftigen Lehrmethoden des Wassermannzeitalters – Ashtars Erklärung planetarer Anpassung an die irdische Übergangszeit

Obgleich die wissenschaftlichen Entdeckungen und Erfindungen des Neuen Zeitalters höchstes Erstaunen und endlose Erörterungen verursachen werden über die neu eingeführten Methoden, so wird doch noch eine viel bedeutsamere Neuerung die Beziehungen der Menschen untereinander von Grund aus verändern.

Ich meine damit die Vorlesungen/Belehrungen, die in allen Teilen der Welt gehalten werden sollen über jeden beliebigen Stoff, der für die betreffende Gegend und ihre Bewohner zweckdienlich ist. Es werden Menschen mit hoher Klugheit und geistiger Erleuchtung sein, die sich daneben durchaus der zwingenden Notwendigkeit bewußt sind, daß sie diese Eigenschaften praktisch betätigen müssen während der Wiederaufbauzeit zur Erneuerung der Erde.

Diese Führer werden alle Vorbereitungen treffen für die Ansprachen, aber sie selbst werden nicht die Sprecher sein. Eines der überraschendsten Ereignisse des Neuen Zeitalters wird die Einführung von Lehren aus bisher „unsichtbaren“ Welten sein.

Diese Instruktoren werden Sachverständige sein, die ausgewählt werden auf Grund ihrer genauen Kenntnisse und Erfahrungen auf allen Gebieten, auf denen ihre Hörer Aufklärung wünschen. Sie werden genauso gekleidet sein wie diejenigen, die von ihnen lernen wollen. Und sie werden deren Sprache sprechen. Es wird also nicht irgendein „Fremder“ sein, der sich aufdrängt, um sie zu unterweisen im Gebrauch von fremdartigen Geräten und noch merkwürdigeren Sitten sich zu bekleiden und zu benehmen. Er wird wie einer der Eurigen sein, der euch bessere Wege weisen will, eure Angelegenheiten zu handhaben, damit die so lange bestehenden Übel auf ein Mindestmaß zurückgeführt und schließlich ganz ausgerottet werden können. Durch eigene Bemühungen wird als Folge der ihnen gegebenen Anregungen nach und nach ihre ganze Lebenshaltung auf eine höhere Stufe gehoben werden, als wie sie es jemals gekannt haben.

Ich spreche nicht von vorsätzlich rückständigen Nationen. Solche werden die Erde nicht mehr länger beunruhigen. Die Menschen, die ich meine, sind von Natur aus rechtschaffene, edle und vornehme Glieder der menschlichen Rasse, die bisher unterdrückt und gehemmt worden sind, nicht aus eigenem Wollen, sondern durch erzwungene Unterwerfung unter mächtige und streitsüchtige Männer und Regierungen. Solche Menschen sind weniger zugänglich für höhere Belehrungen und daraus folgende Fortschritte. Aber sie werden sich sehr bald aus ihrer Gleichgültigkeit erheben, die durch eine Beherrschung – an Sklaverei grenzend – bewirkt wurde, und in ihrem einmal wiedererwachten Lebensmut werden sie voll Verlangen die ihnen erläuterten Grundsätze annehmen und neue Methoden verwirklichen zum Nutzen ihrer täglichen Pflichten.

Wir bedienen uns dieser unterjochten Völker, um unser Lehrsystem zu erläutern. Dadurch, daß wir Redner von höheren Ebenen und anderen Planeten hierherbringen, die ausführliche Belehrungen über eine Menge der verschiedensten Fragen geben werden, wird der erwünschte Wandel in den Gebräuchen und im allgemeinen Verhalten der Bevölkerung sehr schnell erreicht werden.

Allein schon die Neuheit solcher Erfahrungen werden Aufmerksamkeit erwecken, und es wird ein gewisses Ansehen für diejenigen mit verbunden sein, die die Ratschläge dieser Weisen aus bisher unbekannten Gegenden des Universums sich aneignen. Sogar die einfachsten Ratschläge werden eine neue Bedeutung erhalten, wenn sie von einer Reihe so hervorragender Sprecher gegeben werden! Dieses Verfahren wird die Arbeit derjenigen ir-

dischen Helfer vermehren und zugleich sehr vereinfachen, die aufgefordert werden, Unterrichtsstunden zu leiten zur Aufklärung von gutwilligen aber unwissenden Strebenden, die tauglich werden möchten für das Leben im Neuen Zeitalter.
Dieses werden hocherfreuliche Vorgänge und wert sein, darüber nachzudenken, Ereignisse, die gewißlich geschehen werden! Sie sind deutlich verzeichnet auf dem Schirm der künftigen Dinge.

Ein Wort der Erklärung von Ashtar

Es vollzieht sich jetzt ein begrüßenswerter Wandel in der allgemeinen Haltung der Erdenmenschen. Große Massen der Bewohner dieses Landes (Amerika) und vieler anderer Länder sehen unsere Raumschiffe nicht mehr als „Ungeheuer" an, die die Sicherheit von Leib und Besitz bedrohen, sondern sie schlagen vernünftige Wege ein und versuchen mit uns zusammenzuarbeiten.
Manchmal sind wir belustigt über den Stolz, den einige zur Schau tragen, denen es glückt, ein unentzifferbares Quietschen und Pfeifen mit ihren mühselig konstruierten Empfangsgeräten aufzufangen! Wenn sie vertraut wären mit den Kräften, die wir anwenden, um diese Signale zu senden (die in den meisten Fällen nicht dazu bestimmt sind, in irgendeine menschliche Sprache übertragen zu werden), so könnten wir sehr bald einen Weg zur Verständigung finden der für alle Beteiligten befriedigend wäre.
Wenn ihr vertraut wäret mit der Kunst der Gedankenübertragung wie wir sie kennen und ausüben, so würde unser freundlicher Austausch viel von seinen jetzigen Schwierigkeiten verlieren und eine erfreuliche Angelegenheit werden.
Unsre Anwendung dieser Art Unterhaltung haben wir durch undenkliche Zeiten hindurch entwickelt durch ständige Übung. Wir selbst haben uns in hohem Maße von Lärm freigemacht; und so erscheinen unsren emp-

findlichen Ohren viele Geräusche, an die ihr gewöhnt seid und die euch deshalb nicht stören, als beinahe ohrenbetäubend, wie ihr sagen würdet. Ihr staunt darüber, daß unsere Raumschiffe geräuschlos betrieben werden, oder höchstens ein Zischen hören lassen, das durch die Berührung mit eurer dichten Atmosphäre hervorgerufen wird. Meine Freunde wir sind gezwungen, uns vertraut zu machen mit euren lästigen Beschränkungen und uns euren reichlich mißlichen Verhältnissen anzupassen, sowohl den atmosphärischen wie auch vielen anderen, damit wir imstande sind die Hilfe zu leisten, die von uns erwartet wird in dem jetzigen Übergangsstadium eures verfinsterten Planeten zu einem Himmelskörper von strahlendem Glanz!

Aus der Tatsache, daß diese Umwandlung gleichzeitig auf den materiellen, seelischen und geistigen Ebenen stattfinden muß – ungeachtet der rein religiösen Begriffe – ergeben sich scheinbar unüberwindliche Schwierigkeiten.

Wer rein nach seiner Natur nicht kann, oder wer nach seinem eigenen freien Willen nicht auf eine höhere Schwingungsebene aufsteigen will, muß nach dem Naturgesetz (ähnlich dem bekannten Gravitationsgesetz) auf eine Stufe hinabsinken, die ihn trennt von dem Teil der Erde und ihrer Bewohner die fähig sind sich zu erheben zu einem reineren Dasein, das sich verträgt mit dem gewaltig belebten Zustand, in dem ihr euch bald befinden werdet!

Wenn ihr euch eine so wunderbar freudvolle „verbesserte Neuauflage“ eures gesamten jetzigen leidvollen Lebens vorstellen könnt – dann begrüße ich euch als die künftigen Bürger der „Neuen Welt“ im NEUEN ZEITALTER!

Ashtar
Kommandant der Weltraum-Überwachungsstation

*

In der begonnenen Morgenröte des neuen Wassermann-Zeitalters wird es für die sich vergeistigende Menschheit noch vieles geben, das uns seither unbekannt war und unsre begrenzte Weltanschauung zu einer kosmischen Weite entwickelt, die dem Homo sapiens zur Ehre und Zufriedenheit gereichen wird.

Karl Veit

16. Kapitel

Werden AUSSERIRDISCHE die Menschheit aus der Welt-Katastrophe retten?

Von „Global Communication/NY"

Hochentwickelte Wesen aus dem Weltraum mit überragender Intelligenz beobachten seit Jahrtausenden unseren Planeten und überwachen die Tätigkeit unserer Zivilisation. Sie sind besorgt über unseren Mißbrauch der Nuklear-Energie, unserem Kriegstreiben und Verschmutzung des Planeten. Diese „Fremdlinge" haben in vielen Fällen Kontakt mit verdienstvollen Erdbewohnern aufgenommen und haben gewarnt, daß eine globale Katastrophe fällig ist, wenn der Mensch sein Tun und Handeln nicht ändert. Sie sagen voraus, das die Stunde „X" in nächster Nähe liegt.
Die Raumleute versichern jedoch, daß, wenn die letzten Tage da sind, sie in Massen landen werden, um einen gewissen Prozentsatz unserer Bevölkerung zu **evakuieren** und sie in eine andere Welt zu bringen, wo sie eine Zeit lang sicher vor Katastrophen bleiben können.
Laut **Timothy Green Beckley** – findet eine Parallele zu den oben beschriebenen Ereignissen in vielen Offenbarungen und Prophezeiungen des Alten Testaments die von Menschen, die auf telepathischem Wege durch UFO-Wesen inspiriert, niedergeschrieben worden sind. „Die Wesen an Bord dieser Flugapparate, die seit Jahrzehnten in unserer Atmosphäre gesehen werden, sind uns nicht nur technisch voraus, sondern besitzen eine **hohe Spiritualität,** die sie befähigt, sich um unseres Planeten Wohl und Wehe Sorgen zu machen", stellt der Herausgeber von „UFO-REVIEW" fest. Mr. Beckley hat aus vielen verstreuten Quellen sogenannte „DOOMSDAY" Voraussagen gesammelt und ausgewertet. Diese Voraussagen gleichen einander erschreckend genau, gleichgültig woher

sie stammten, sei es von Wissenschaftlern oder von UFO-Kontaktlern.
Sie alle verkünden im voraus große Veränderungen auf unserem Planeten, einschließlich Verschiebungen gewaltiger Landmassen, Heben und Senken ganzer Kontinente, Wetterbedingungen, die das Klima verändern u. a. Katastrophen. Die UFO-Insassen mahnen auch, daß ein dritter Weltkrieg durchaus möglich sei und dies könnte sich als Auslöser für eine Verschiebung der Erd-Achse erweisen, die eine Pol-Umkehr unseres Planeten zur Folge hätte.
Sie sagen, daß diese Ereignisse sich vermeiden ließen, daß sich aber hierzu die Menschheit drastischer Veränderungen ihrer Lebensweise unterziehen müßte, sonst liefe sie mit der planetarischen Entwicklung endgültig auf Kollisionskurs, was zur totalen Vernichtung führte. Der Menschheit ist nur noch eine kurze Zeit vergönnt.

Übersetzung: L. von Hohberg

*

Als Ergänzung zum Thema EVAKUIERUNG erfahren wir außer Warnsignalen erheblich tröstliche Perspektiven von Kommandant ASHTAR und seinen planetaren Assistenten.
Die Parallelen und Ergänzungen mit dem VENTLA-Buch „EVAKUIERUNG in den WELTRAUM", lassen erkennen, daß alles aus höherer Sicht betrachtet und registriert wurde, was kein Sterblicher weltweit zustande brächte. D. H.
Ashtar, Kommandant von zehn Millionen Wesen, die den Erdglobus innerhalb der Friedensallianz im Intergalaktischen Rat schützend umgeben:

„. . . Ein detaillierter Plan mit System und enormer Organisation, der dem Zweck dient, Menschen von diesem Planeten zu evakuieren falls Katastrophen eine Rettung erforderlich machen, ist fast fertiggestellt. Wir beobachten sorgfältig die Gefahr einer Polveränderung des Planeten in eurer Generation. Eine solche Entwicklung würde eine planetare Situation schaffen, in der niemand überleben könnte. Dies würde eine Evakuierung erfordern . . ."

„ . . . Die Stunde, zu der der Aufruf in weitem und universellem Rahmen an die Menschheit erfolgt, wird plötzlich kommen und sich nur über eine sehr kurze Zeit erstrecken.

Wie ein Mensch innerlich beschaffen ist wird sichtbar, wenn er sich in die Levitationsstrahlen begibt. Bei niedrigen Schwingungen wird er diese nicht überleben. Nur ein Streben nach Höherem und ein reines Herz wird Immunität bewirken. Deshalb bitten wir euch JETZT eindringlich, euch selbst zu beurteilen und die Hilfe der auf die Erde einfallenden hohen Strahlungen anzunehmen. Sie sollen euch in eurem geistigen Streben helfen. Wenn dies der Wunsch eures Herzens ist, so könnt ihr in dieser Zeit mit großer himmlischer Unterstützung rechnen. Jetzt ist noch Zeit euch bereit zu machen, um von den Raumschiffen mitgenommen werden zu können.

Ihr sollt jetzt selbst Gespräche mit anderen aufnehmen über diesen gigantischen Plan, zumindest mit euren Familienmitgliedern und engeren Freunden. Macht euch zusammen Gedanken über diese Dinge der nötigen Schwingungsverträglichkeit, um mit uns zu sein, mit uns zu leben, bis euer Heimatplanet für euch wieder bereit sein wird.

Wie wird euch zumute sein, wenn ihr den Himmel schwarz voller Raumschiffe über euren Köpfen sehen werdet? – Wie werdet ihr euch fühlen? – Dankbar? Verängstigt? Unsicher? – Oder voll Freude und gern bereit von diesem Chaos weggebracht zu werden? Die Massen-Evakuierung wird die letzte Möglichkeit der Menschheit sein, die gegenwärtige physische Form beizubehalten und

in unseren Raumschiffen zu verbleiben, bis die Trübsal vorbei sein wird . . . “
Der große Exodus von Menschenseelen dieses Planeten wird unverzüglich stattfinden, wenn feststeht, daß die Bewohner in Gefahr sind. In der Minute, in der die großen Computer anzeigen, daß ein gewisser Punkt überschritten ist, wird jeder Satellit und jedes schon in Bereitschaft stehende Luftfahrzeug in Aktion gesetzt werden. Wenn die Bedrohung nicht global ist, sondern nur Teilgebiete in großer Gefahr sind, können Menschen vorübergehend evakuiert werden, bis die Gefahr vorüber ist, und genauso schnell ohne Rückerinnerung zurückgebracht werden. Die entscheidenden Ereignisse hängen von den Menschen, ihren Aktionen und Tätigkeiten ab.“

Ufo-Nachrichten Nr. 280 Mai/Juni 1983

„EVAKUIERUNG in den Weltraum“ und „Im Innern der Raumschiffe“ vermitteln u. a. die Vorstellung, wie es dann drinnen aussehen wird, auch im professionellen Verkehr mit Außerirdischen, wenn auch selbstverständlich zwischen einem wissenschaftlichen Forschungsschiff und den speziellen Evakuierungstransportern zu unterscheiden sein wird.

K. + A. V.

17. Kapitel

Parallele Aussagen

Diese hochbedeutsame Bestätigung für den Inhalt der Ashtar-Broschüre sowie des Ventla-Buches „EVAKUIERUNG in den Weltraum" fungiert zugleich als erschütternde, hoffnungsgeladene Ergänzung über die weltweit zu erwartenden Geschehnisse. Die folgenden Mitteilungen sind eine gekürzte Übersetzung.

„Ich möchte Euere Aufmerksamkeit auf den kürzlichen Vulkanausbruch im nordwestlichen Teil Amerikas lenken. Die Weltpresse beschäftigte sich über einen beachtlichen Zeitraum damit. Kostbare Menschenleben waren vermißt und sind noch nicht gefunden. Dieser Vorfall kann als kurze Voranzeige von Begebenheiten der Zukunft gewertet werden. Das war nur ein isolierter Fall, aber in Zukunft werden Ereignisse dieser Größe in rascher Folge an vielen Orten geschehen. Euere Nachrichtenmedien werden außerstande sein, über alles zu berichten. Fernsehberichte werden sich den ganzen Tag lang mit dem Versuch beschäftigen, darüber zu informieren, so zahlreich werden die Katastrophen sein und so weltweit ihr Vorkommen.

Die Ruhelosigkeit der Erde, die erloschene Vulkane zum Feuerspeien bringen wird, wird sich an anderen Orten in Form von Erdbeben verschiedenster Kategorien manifestieren*). Flutwellen und intensive Wetterstürze, Bewegungen des Meeresbodens und von Bergformationen, das alles könnte sich gleichzeitig ereignen, so daß die Menschen in völliger Ratlosigkeit nicht wissen werden, wohin sie sich wenden sollen oder was sie tun können, um sich zu retten. Panik wird die Herzen ergreifen, und sie wer-

*) Ein markantes Vorzeichen dafür war die schwere Erdbebenwelle im Mai/Juni 1990 mit mehr als Zehntausend Toten (im Iran inoffiziell 150.000) unzähligen Verletzten und Hunderttausenden von Obdachlosen weltweit. d.H.

den Gott anflehen und ihn um Schutz bitten. IN DIESEN STUNDEN WIRD DER HIMMEL MIT DEN SCHIFFEN EUERER BRÜDER AUS ANDEREN WELTEN ANGEFÜLLT SEIN.
Wie jedermann weiß, besteht außerdem die Gefahr, daß ein Land oder eine kleine Gruppe den ersten Schritt zu einer nuklearen Katastrophe unternehmen könnte. Ohne Intervention Euerer älteren Brüder würde der Planet in diesem Falle völlig zerstört werden. Ehe dieser Fall eintreten kann, wird von den höheren Ebenen aus eine Warnung an alle jene ergehen, die auf Grund ihrer feineren Sensitivität für derartige Kommunikationen empfänglich geworden sind, sich auf eine plötzliche Evakuierung vorzubereiten. Wenn die Auserwählten (die sich freiwillig zur Inkarnation auf den Planeten Erde gemeldet hatten!) gesammelt worden sind, dann treten die nächsten Stufen des Programms in Aktion.
Die zur Verfügung stehende Zeit zwischen Entscheidung und Aktion für die Evakuierung wird sehr kurz sein. In dieser kurzen Zeitspanne wird der Himmel mit den Fahrzeugen Euerer Brüder von anderen Welten angefüllt sein, zur Rettungsaktion vieler Menschen. Die zur Verfügung stehende Zeit zur Erfüllung ihrer Mission wird von kritischer Kürze sein. Vorbedingung dafür ist ein inneres Verständnis im Herzen der Menschen, daß wir im Gefahrenmoment erscheinen werden, um Euch zu helfen. Die kommende Übergangsperiode kann Chaos für Euere Welt bedeuten – es braucht jedoch nicht unbedingt für jedes Individuum Chaos zu sein.
Viele Stimmen haben Eueren Planeten mit den Botschaften Euerer Beschützer überflutet. Viele Möglichkeiten, Kontaktler und Medien Euerer Freunde im Raum, wurden dazu verwendet, um Euch Beweise ihrer Existenz und ihrer Hilfsbereitschaft zu geben.“

*

Drei Phasen der Evakuierung

Es ist vorgesehen, daß die Rettung von Menschenseelen in der Zeit der Gefahr in drei Phasen stattfinden soll. Die erste Stufe soll die geheime Entfernung jener Auserwählten umfassen, deren Hingabe für die Wahrheit und das Licht auf der Erde unser Programm erst möglich gemacht hat. Sie werden zu einem bereits für sie vorbereiteten Ort gebracht werden.

Als nächstes wird der Ruf an alle jene ergehen, deren Erkenntnisreife entwickelt ist, die Ohren haben zu hören und den Mut und Glauben zum Verständnis des Geschehens besitzen. Das Ausmaß dieser Phase der Evakuierung ist sehr beachtlich und umfaßt eine größere Zahl als man sich im allgemeinen vorstellt. Jene, die sich vorbereitet haben, werden durch die kleineren Schiffe zu den städtegroßen Raumplattformen gebracht werden, die sich bereits hoch über Euerem Planeten befinden. Die letzte Phase, wenn diese beiden Gruppen bereits in Sicherheit sind, wird die Aufforderung zur Massen-Evakuierung sein. In dieser letzten Massenaktion werden die Kinder zuerst an Bord genommen, um dann mit den anderen zusammen zu einem vorbereiteten Ort gebracht zu werden.

Wenn der Planet gereinigt und erneuert worden ist, werden jene, die sich bewährt haben, in einem neuen Zeitalter zu einem neuen Leben auf diesen erneuerten Planeten zurückgebracht werden, in der Gemeinschaft und Freundschaft mit jenen, die sie in Sicherheit gebracht haben.

Vielleicht wird Euch der Gedanke an das hier Gesagte in der derzeitigen Stille Eueres Heimes überwältigend erscheinen, aber die Situation kann sich sehr rasch verändern. Obgleich meine Worte im Moment bedeutungslos erscheinen könnten, so wird doch die Erinnerung daran am Tage des Geschehens aus Euerem Unterbewußtsein zurückgerufen werden.

Das Göttliche in Euch wird Euch den Weg weisen, für Euch selbst und Euere Lieben. Ein prachtvolles Morgenrot wartet auf Eueren Planeten jenseits der kommenden Stunde der Mitternacht, ein neuer Lichttag, der die Brüderschaft aller Welten bringen wird. Entwickelt schon jetzt das Bewußtsein für diese anderen Kinder Gottes, die mit göttlichen Attributen und geistigen Aufgaben erfüllt sind, wie ihr selbst auch. Sendet Euere liebevollen Gedanken hinauf zu diesen hingebungsvollen Wächtern, die Euere Himmel patroullieren wie die Schutzleute Euere Straßen, um Eueres Schutzes und Euerer Sicherheit willen. Sendet Euere Dankbarkeit und Liebe zu ihnen, denn Gott selbst hat sie beordert. In der Stunde, wenn Euere Not am größten sein wird, werden sie da sein!

Übers.: Rho Sigma/USA

„UFO-Nachrichten", Nr. 276

18. Kapitel

Botschaft von HATONN

im Auftrag des Ashtar-Kommandos

Anfang August 1982 erhielt Tuella die Botschaft eines hohen Befehlshabers einer bedeutenden Station innerhalb des Ashtar-Kommandos, HATONN. Er ist Leiter des Informationsarchivs für die Galaxie, das auf dem seinen Namen tragenden Planeten geführt wird.

„Bürger des Planeten Erde, ich übermittle euch meinen Auftrag über die Notlage eures Planeten. Wir betrachten ihn und sehen in seinem inneren Wesen die Aufzeichnung aller im Laufe seiner Geschichte aufgetretenen Unruhen. Wir sehen die Kämpfe des Lichts, um zum Durchbruch zu kommen, und die hemmenden Einflüsse der Finsternis. Wir beobachten und warten ab, denn wir wissen, daß letzten Endes die Erde, ein großer leuchtender Stern, der schönste am Firmament sein wird. Warum sucht man ihn zu zerstören? Können eure Differenzen nicht in friedlicher Weise beigelegt werden?

Wir Bewohner anderer Welten haben einen Weg dafür gefunden. Wir haben erkannt, daß Liebe der einzige Weg zum Frieden unserer Menschenbrüder ist.

Vor Äonen von Jahren gab es Zeiten, in denen einige unserer Welten diese Lösung noch nicht gefunden hatten. In ihrer Gier nach Macht über andere erforschten sie ebenfalls die großen Zerstörungswaffen und verursachten enorme Verwüstungen innerhalb vieler Sternkonstellationen. Ihre Gier nach Macht und Kontrolle über andere Welten führte nur zu ihrer eigenen Zerstörung. Als ewiges Denkmal dafür können die Fragmente von Sternennebel am Himmel betrachtet werden. Aufgrund dieser Probleme haben wir innerhalb der Weltraum-Föderation von Planeten den „Galaktischen Pakt“ geschlossen, der Krieg gegen Andere verbietet. Die kriegerischen Mächte, die sich dem nicht fügten, wurden aus unserer Mitte ausgeschlossen.

Eurem gesamten Sonnensystem ist es bestimmt, sich in einem Zustand höherer Schwingung auf seiner Umlaufbahn vorzubereiten. Dadurch wird eure gesamte Welt in so hohe Schwingungen versetzt werden, daß nur der friedlich Gesinnte darin überleben kann. Es ist deshalb bestimmt worden, daß die Erde vor dem Eintritt in das Goldene Zeitalter durch viele Veränderungen auf ihre Höherentwicklung vorbereitet wird, Krieg wird auf eurem Planeten abgeschafft, geächtet werden, und alles Unreine eurer Lebensweise wird aufgrund der nun anstehenden Veränderungen entfernt werden. Es wird viel Verwirrung und Aufruhr unter euch herrschen! Jene, welche das Blutvergießen herbeiführen wollten, werden in großer Besorgnis sein.
Deshalb wurden wir von der Geistigen Hierarchie ermächtigt, uns bei einem Versuch atomarer Massenvernichtung – in die Angelegenheiten der Erde einzuschalten. Diese Vernichtung wird von den höheren, eure Belange überwachenden Wesen nicht zugelassen werden. Die Intervention wird in Form von verheerenden Umwälzungen großen Umfangs erfolgen. Wir appellieren an die Menschheit, unverzüglich die Waffen beiseitezulegen, eure Todesarsenale abzubauen und euch an die Verhandlungstische zur Beilegung eurer Differenzen zu setzen – mit dem Wunsch, einen friedlichen Weg zu finden. Verlaßt euch nicht auf eure militärischen Kräfte, sondern wendet euch an den Höchsten um Rat, an Gott!
In diesem Aufruf appelliere ich an die Menschheit und betone, daß dies noch vermieden werden kann, wenn der Mensch sich ändert und auf Gott sieht. Die Liebe aller Menschen zu Gott muß zum Ausdruck kommen können, und bei euren internationalen Angelegenheiten muß in eurem Denken Raum dafür gegeben werden.
Nach dieser Feststellung wende ich mich nun an die Friedensstifter unter euch: Eure Bemühungen werden sorgfältig aufgezeichnet, und keine Bemühung, Nächstenliebe untereinander zu üben wird übersehen werden. Euer Lohn wird euch zukommen. Außerdem sollt ihr bei

der Zerstörung, für deren Vermeidung ihr euch so standhaft eingesetzt habt, nicht anwesend sein. Ihr werdet aus dem Chaos entfernt und in unseren, euch in Sicherheit bringenden Raumschiffen aufgenommen werden. Viele Male haben wir uns dieses große Ereignis vergegenwärtigt und die Wirksamkeit des Plans wie auch das Können derjenigen bewundert, die ihn durchführen werden.

Viele von euch, die diese Worte lesen, werden uns von der Erde aus bei diesem großen Unternehmen unterstützen. Wie oben, so unten. Die Zusammenarbeit in gemeinsamer Anstrengung wird Seelen vorher vorbereiten und sie anpassen, wenn die Stunde Null gekommen sein wird. In erster Linie hat die Übermittlung dieses Dokuments durch das Ashtar-Kommando den Zweck, die nun auf der Erde lebenden aufgeschlossenen Seelen zumindest durch eine verhüllte Beschreibung der bei diesen entscheidenden Ereignisse zu erwartenden Dinge vorzubereiten und so vorhandene Furcht zu verringern.

Deshalb fasse ich zu eurer Beachtung einige grundlegende, für diese Stunde in eurem Gedächtnis zu behaltende Feststellungen zusammen:

1. Jeder eurer Namen ist in den in unseren großen Computern gespeicherten Registern niedergelegt. Eure Gebiete sind sorgfältig gewissen Flotten zugeteilt und deren Kommandanten, die die Bedürfnisse eures Gebiets überschauen. Wir wissen, daß ihr da seid und kennen euren Standort genau.

2. Jeder von euch wird im Augenblick der Krise mit Sicherheit genaue Anweisungen erhalten, so daß ihr wißt, wo ihr zu einem bestimmten Zeitpunkt zu sein habt. Niemand wird ausgelassen oder übersehen werden, und eure Teilnahme ist sicher.

3. Beim großen Exodus getrennte Familienmitglieder werden in unseren Schiffen erneut zusammengebracht werden, sobald die Ereignisse dies ermöglichen. Habt keinerlei Furcht, sondern denkt nur in Dankbarkeit an Unseren VATER.

4. Einige, die ihr kennt und liebt, werden aus in ihrem

eigenen Wesen liegenden Gründen zurückbleiben. Ihr müßt sie den Händen des Vaters überlassen, der ihr geistiges Sein in Seinem Hause aufnehmen wird, in dem es viele Wohnungen gibt. Sie werden an einen Ort geleitet werden, den ihre inneren Gedanken und Lebensstrukturen geschaffen haben, um von dort ihre Spiralentwicklung nach oben erneut zu beginnen. Ihr müßt es hinnehmen, daß ihre persönlichen Entscheidungen ihr persönliches Schicksal geschaffen haben.

5. Die gewohnte Umgebung wird natürlicherweise vermißt werden, doch eine kurze, mit uns verbrachte Zeit, wird Vergessen bringen, wenn ihr euch an die neuen Routineabläufe und die Umgebung gewöhnt haben werdet. In unseren Raumschiffen herrscht eine Atmosphäre voll Freude, Liebe und Sorge füreinander. Eure eigenen Leute werden da sein, die bereits geschult sind, euch bei der Anpassung an eure neue Umgebung zu helfen. Wir werden diese für die von ihnen zu übernehmende Arbeit vorweg ausgebildet haben.

6. Ihr werdet diese als Führer erkennen und sie bereits vor Eintritt der Krise als besondere Vertreter unserer Mission kennenlernen. Folgt ihnen und richtet euch nach ihren Anweisungen, so daß alles für euch zur Zeit der großen Verwirrung glatt gehen wird.

Ich bin Hatonn, und ich werde euch alle persönlich begrüßen, wenn ihr in unsere Mitte gebracht sein werdet, um eine gewisse Zeit bei uns zu bleiben.

Wenn euer Planet gereinigt sein wird, werdet ihr auf die Erde zurückgebracht und wir werden euch alles Nötige für den Wiederaufbau geben. Höhere Wesen werden mit euch gehen, um euch bei der schnellen Kultivierung der Erde in kosmischer Liebe zu helfen. Ich bin euch dankbar für die Beachtung meiner Worte.“

H a t o n n vom Ashtar-Kommando

Übersetzung: Sieglinde Bader
UN Nr. 301, Nov./Dez. 1986

19. Kapitel

Zum 14. Interkontinentalen UFO-Kongreß 1987/Wiesbaden

Dr. Arthur Earl Jones/Mount Shasta, Californien

Folgende Grußbotschaft vom ASHTAR-Kommando ist von solcher Eindringlichkeit, daß sie hier allen planetaren Koordinatoren wie Sie – die DUIST – es sind, zugesandt wird. Ihre Mitarbeit bei der weltweiten Verbreitung dieser Botschaft wird hoch gewürdigt. Gesegnet seien Sie und Ihr Werk, das der Einführung der Prinzipien der Neuen Welt unter der irdischen Menschheit gewidmet ist.

ALWEN (Galacticom)

„. . . Wir wenden uns jetzt an Euch – liebe Mitstreiter – die der Sache des Friedens und der universalen Liebe für alle Menschen dienen:

Ihr wurdet ausgesandt als unsere Besten und ‚Hellsten' (Lichter), die freiwillig an dieser kosmischen Mission teilnehmen wollten, seid Euch der Tatsache bewußt, wieviel von Euch abhängt. Es waren Eure vorbildlichen charakterlichen Werte und Euer erprobtes selbstloses Handeln über eine Zeitperiode hinweg unter verschiedensten Bedingungen, was Euch das Recht verschaffte in dieser kritischen Zeit mit irdischen Aufgaben betreut zu werden. Eure Fähigkeit zu lieben, zu führen und Eure Hingabe an die Prinzipien von Leben und göttlicher Gerechtigkeit qualifizierten Euch für diese besondere Aufgabe.

Wir tun, was wir können, um Euch in jeder Weise zu helfen, aber an Euch ist es, liebe Brüder, die Anstrengungen zu unternehmen, die Euch die Rückkehr in die Ewige Heimat garantieren. Ich spreche für alle von uns, wenn ich sage, verlaßt die Wahrheit nicht, verleugnet Eure Zugehörigkeit zur Vaterschaft im Gott der Liebe nicht, so daß wir alle wieder eins werden."

Im Licht des Einen Strahlenden.
Ich bin ASHTAR.

20. Kapitel

Parallele Erweiterungen

Botschaft von Andromeda Rex

Völlig unabhängig von unserer deutschen Herausgabe

„Die große Evakuierung wird sehr plötzlich über die Welt kommen. Der Eintritt der Ereignisse wird im Ernstfall wie ein Blitz am Himmel sein, so plötzlich und so schnell wird es geschehen, daß es vorbei ist, bevor man dessen Vorhandensein gewahr wird. Und zwar dann, wenn die Ereignisse, die der Grund für diese Aktion sind, auf dem Planeten eingetreten sein werden. Es ist nicht möglich, diese Ereignisse vollständig zu beschreiben, aber es kann der Menschheit zur jetzigen Zeit die Hoffnung und das Wissen gegeben werden, daß wir für sie wachen und im Ernstfall in Aktion treten.

Es wurde Euch bereits von HATONN erklärt, daß es nötig ist, in gewisser Weise vorbereitet zu sein, weil ihr einem, unter diesen Umständen stark wirkenden Strahl ausgesetzt sein werdet. Dessen Frequenz wird höher sein als die meisten eurer bekannten elektrischen Aussetzungsmöglichkeiten auf Erden. Die Menschen mit extremer Dichte und extrem egoistischer Einstellung – vor allem auf Kosten anderer – oder die andere leiden ließen, werden physisch große Schwierigkeiten haben, in der Frequenz unseres Strahls zu überleben. Deshalb haben wir seit Jahrhunderten an die Menschheit appelliert, ihre eigenen Ausstahlungen und Vibrationen auf ein Niveau der Liebe und Selbstlosigkeit anzuheben, so daß durch eine Erhöhung der Kraftfelder ihre Rettung ermöglicht wird. Diejenigen, die in ihrem Leben sich streng nach den Gesetzen des Himmlichen Vaters gerichtet haben und seine Liebe durch sich haben fließen lassen, werden mit der Frequenz der Evakuierungsstrahlen keine Probleme haben. Denn stark entwickelte Liebe im menschlichen Herzen wirkt sich auf das, den physischen Körper umgebende menschliche Kraftfeld aus, und verleiht ihm eine schützen-

de Hülle und ein Ausgleichen, mit den von nun an bis zu jener Zeit einströmenden Vibrationen. Könnten genügend Seelen vollkommene Liebe empfinden, könnte es in der Tat unnötig sein, die Menschheit zu evakuieren.
Es gibt nichts zu befürchten, wenn ihr zu uns kommt. Wir sind liebevolle, normale Leute wie ihr, mit der Einstellung guter Nachbarn und Helfer in der Krisenzeit. Wir sind für Bekleidung, eure Ernährung und die Bedürfnisse, an die ihr euch gewöhnt habt, vorbereitet. Wir werden keine Wächter, sondern Freunde sein, und ihr werdet eure Zeit gerne mit uns verbringen, vor allem, wenn ihr auf euren Planeten in seinem Aufruhr schaut. Diejenigen, die durch den Strahl in physischer Form emporgehoben wurden, werden innerhalb dieser physischen Form zu einer geistigeren Substanz innerhalb des Körpers gebracht werden, in das, was als „Licht"-Körper bezeichnet wurde. Die physische Form wird für die meisten in ihrer Erscheinlichkeit dieselbe bleiben. Die stärkere Durchdringung des Ätherischen im Physischen wird jedoch eine Änderung mit sich bringen und Krankheit sowie physische Disharmonie unter euch ausschalten.
Ihr werdet eine gewisse Zeit mit uns verbringen müssen, denn eurer schönen Erde muß nach ihrer Reinigung Zeit gelassen werden, zu ihrer wahren Schönheit zurückzufinden. Dann werden diejenigen, die physisch mitgenommen worden sind, zurückkehren, um eine Neue Welt und eine Neue Ordnung der Dinge aufzubauen. Während eures Aufenthalts bei uns werdet ihr die Möglichkeit haben, an Schulungen und Ausbildungen für die Arbeit teilzunehmen, die dann getan werden muß. Ihr werdet dabei unsere ständige Hilfe erhalten. Unser Rat und unsere Technologie wird diesen Zurückkehrenden zur Verfügung stehen. Viele andere die durch natürliches Dahinscheiden mitgenommen wurden, werden in neuen Körpern zurückgebracht werden, um an dem neuen Erwachen teilzunehmen. Diejenigen, die nicht an der Rettung durch Levitation teilnehmen konnten, werden nach ihrem natürlichen Dahinscheiden an Orte mit einer Vibration und Frequenz

gebracht, die der ihrigen entspricht; dort können sie in ihrem Wachstum und Lernen langsamer fortschreiten als bei der neuen Schwingungsfrequenz des Planeten Erde. Denn die Erde wird sich in einer schnelleren und sehr hohen Licht-Frequenz befinden wie sie im WASSERMANN-Zeitalter ihren Ausdruck findet.
Zu Beginn dieses großen Geschehens wird die Zeit von großer Bedeutung sein, denn alles muß in großer Eile und mit einem MINIMUM AN ZEIT getan werden. Es wird uns keine Zeit zum Verweilen bleiben, sondern wir müssen in der Phase III, der Rettung der Vielen, die bewußt gewählt haben mitgenommen zu werden, schnell arbeiten. Ihr müßt verstehen, daß diese große Aktion erst anlaufen wird, wenn die Ereignisse auf der Erde einen Krisenpunkt erreicht haben werden. Wir werden uns wohl in euer Leben in keiner Weise unötig oder zu früh einschalten. Nur in diesem letzten Augenblick, der Gefahr für die Massen, werden die Endstadien der Evakuierung in Gang gesetzt werden. Die anderen beiden Phasen werden abgeschlossen sein. Die Lichthelfer, zusammen mit denjenigen, die ihnen gefolgt sind und ihnen geholfen haben, werden schon entfernt worden sein.
Die endgültige Evakuierung wird also den Vielen gelten, die dann noch kommen wollen, damit sie rechtzeitig teilnehmen können. Diese Phase wird so lange dauern, wie es die Situation ermöglicht, was bestenfalls kurz sein wird!
Die meisten von euch sind – während ihr im Schlaf lagt – bereits einmal zu unseren Fahrzeugen zur Akklimatisierung und Angleichung gebracht worden. Die Erinnerung daran wird euch kommen, wenn die wirkliche Evakuierung stattfinden wird.
Es gibt nichts zu befürchten, laßt große Freude in euch aufkommen in Dankbarkeit an den VATER aller, daß nicht eine einzige Einzelheit übersehen werden wird, um euch mit Seiner Liebe und Seiner Fürsorge für euch zu umgeben, die ihr euer Vertrauen auf Gott gesetzt habt.

Andromeda Rex für das Ashtar-Kommando

Ufo-Nachrichten Nr. 310, Mai/Juni 1988

21. Kapitel

Spurlos verschwunden!

In Anlehnung an die für unsere Zukunft gegebenen Voraussagen, die weltweit stattfindenden geistigen Erweckungen sowie die hunderttausendfach bestätigten UFO-Schichtungen und Kontakterlebnisse, einhergehend mit der Thematik EVAKUIERUNG, wird folgende visionäre Offenbarung aus Norwegen unsere Leser erschüttern:

Was ich hier niedergeschrieben habe, wurde mir am Vormittag des 11. Dez. 1952 während des Gebets im Hause meines Bruders in Bergen (Norwegen) geoffenbart. Dieses Gesicht hat mich gewaltig ergriffen.

Olaf Rodge

*

Es ist neun Uhr vormittags. Frau Andersen sitzt am Radio. So waren wohl vier oder fünf Minuten vergangen, als die Sendung plötzlich abgebrochen wurde. Es war eine sensationelle Meldung von Oslo: Die Stadt in wilder Panik! Die Polizeibehörden berichten, daß etwas Außergewöhnliches geschehen sei. Viele – wieviele kann noch nicht gesagt werden – Kinder und Erwachsene sind spurlos verschwunden. Die Behörden vermögen es nicht, den Vermißten nachzuforschen, da es sich um zu viele handelt, aber sie ermahnen die Familien die Angehörige vermissen, ausführliche Informationen, wie und wo das Verschwinden vor sich gegangen ist, zu geben.

Dies sei notwendig, um eine Übersicht zu bekommen und dem Mysterium auf den Grund zu gehen.

Einige Minuten später teilt das Radio mit, daß auf dem Marktplatz einige Verkäufer plötzlich, während sie ihre Arbeit ausführten, verschwunden seien. Eine Blumenkäuferin berichtet, daß sie für eine Blume bezahlen wollte, der Verkäufer suchte das Wechselgeld aus einer großen Tasche, und so verschwand er ganz plötzlich. Sie

hörte, daß er sagte: „Danke Jesus!" Aber sie sah ihn nicht mehr. Sie rieb sich die Augen, denn es dünkte sie, es war wie ein Nebel vor ihr. Aber der Mann war weg, ebenso der Nebel.
Im gleichen Moment schrie eine junge Frau, daß es einem durch Mark und Bein ging. Dabei schaute sie in den leeren Kinderwagen. Sie lief und rief: „Jemand hat mein Kind gestohlen! Es war ein Knabe, 8 Monate alt. Wo ist er? Wo ist die Polizei?" Ja, die Polizei war da, aber was konnte man da tun? Von allen Seiten wurde gerufen, und es war eine große Unruhe. Ein großer, dicker Kaufmann stürzte aus seinem Geschäft und rief: „Hilfe! Hilfe!" Zwei seiner Verkäuferinnen verschwanden direkt vom Ladentisch weg.
Aber was war denn das? Auch von Stockholm kommen Meldungen vom Verschwinden vieler Menschen, gleichwie in Oslo, und die Stadt ist in eine wilde Panik geraten. Es wird mitgeteilt, daß auch viele Polizisten verschwunden seien, und jetzt kommen die gleichen Meldungen von Kopenhagen und Helsinki. Aber auch vom Lande her strömen die Meldungen vom Verschwinden vieler ein. Überall sind es Kinder und Erwachsene, die weggekommen sind. Die Polizei steht rat- und machtlos vor diesem Mysterium.
„Ach", sagt Frau Andersen, „Herr, Gott, was ist das?"
Sie erhebt sich und geht zum Gartentor hinaus und sieht die Straße hinunter. Es ist ein schönes Villenviertel, feine Häuser mit schönen Ziergärten darum. Da kommt Frau Holand. Sie hält ihre Hände vor den Augen und ruft so verzweifelt: „Ruth! Ruth!" Da erblickt sie Frau Andersen und fragt: „Hast Du gesehen, ob vielleicht ein Fremder hier vorbeigegangen ist? Ruth ist verschwunden! Sie saß vor unserem Haus auf der Treppe, während ich mit einem Rosenbusch beschäftigt war, und plötzlich war sie verschwunden. Ganz einfach weg! Ich rief und schrie: „Ruth!" Niemand antwortete. – Es dünkte mich doch, daß etwas den Weg entlang hinaufgefahren sei, aber man wird ja ganz verwirrt, so daß man nichts mehr versteht,

man sieht und denkt so viel Merkwürdiges. Aber, Ruth! Ruth! Wo bist du? Wer hat sie mir genommen?" Sie weint in ihrer Verzweiflung.
Da kommt Herr Andersen. „Kommst Du jetzt schon – es ist ja noch lange nicht Zeit?", fragt Frau Andersen. „Es ist erst halb zehn Uhr". „Ich mag nicht mehr. In unsrer Werkstatt herrscht der reinste Wirrwarr. Viele Arbeiter sind verschwunden, man vermutete zuerst, es hätten sich Unfälle ereignet. Wir suchten nach den Vermißten, aber von keinem konnten wir auch nur eine Spur finden. Aber da begann einer, welcher von sich sagte, er sei ein Christ und der in Versammlungen ging – ich weiß nicht mehr wie er heißt –, zu sagen: „Jetzt ist es geschehen! Jetzt ist es geschehen!" „Was ist geschehen?" fragte ich. „Jesus hat die Seinen zu sich geholt!" Er rang die Hände und weinte sehr und rief: „Und ich bin zurückgelassen! Ich bin noch hier!" Ich bat ihn, mit diesem Geschwätz aufzuhören, aber er benahm sich nur ärger und ärger. Es war furchtbar, ihn anzuhören. Es sind gewiß noch mehr, die auf die gleiche Art verzweifelt sind. Wir werden heute sicher Überstunden machen müssen."
Aber drunten in der Stadt war es noch schlimmer. Da war das reinste Verkehrschaos, Chauffeure waren einfach von ihren Autobussen und Personenwagen weggeholt, aber auch viele Passagiere waren nicht mehr zu sehen. Die Straßenbahnen mußten anhalten und standen wie Autos und Taxis in langen Schlangen in den Straßen. Diejenigen Fahrzeuge, die noch Chauffeure hatten, versuchten, sich durchzuzwängen. Die Leute waren halb wahnsinnig, liefen umher und suchten nach ihren Angehörigen. Die Polizei stand machtlos.
Frau Holand weint, händeringend läuft sie heim. Andersen und seine Frau gehen in ihr Haus. Das Radio ist auf der Sendestation Bergen eingestellt:
Von allen Seiten werden verschwundene Personen gemeldet. Den ganzen Morgen klingelt das Telefon mit Anfragen und Mitteilungen über diese ungemütlichen Geschehnisse. Von vielen Schiffen auf dem Meer sind Leute

verschwunden. In der Geburtsabteilung des Krankenhauses sind alle Neugeborenen verschwunden, und die Mütter jammern in ihrer Verzweiflung. Die Angestellten und Schwestern sind erschreckt, aber auch von ihnen sind einige weg. Auch im Altersheim sind Leute verschwunden.
Um 11.00 Uhr berichtet das Radio – dieses Mal aus London –, daß heute um 9.00 Uhr plötzlich Meldungen von ganz Großbritannien einzulaufen begannen, daß viele Kinder und Erwachsene verschwunden seien, ohne daß man auch nur die geringste Spur entdecken könne. Von den Verschwundenen ist niemand wieder aufgefunden worden. Das Ganze ist ein Mysterium. Einige Pfarrer haben ihre Gemeinde zusammengerufen und herausgefunden, daß die gottesfürchtigen und fleißigsten Beter der Gemeindemitglieder verschwunden sind. Auch ein Teil Pfarrer und Prediger sollen sich unter den Verschwundenen befinden. Ein Bischof einer größeren Glaubensvereinigung hat seine Pfarrer für heute Abend zu einer Versammlung zusammengerufen.
Nun sind es drei und eine halbe Stunde, seitdem die erste Meldung von Oslo gekommen ist, und es zeigt sich, daß immer noch neue Berichte von verschwundenen Personen aus allen Ländern einströmen. Aus dem fernen Osten kommt von Korea die am meisten Aufsehen erregende Mitteilung. Dort wird die Zahl der Verschwundenen auf mehrere hunderttausend berechnet, darunter viele Soldaten der vereinigten Streitkräfte.
Es ist ganz unmöglich, die Geschehnisse , so wie sie sich in den ersten Stunden entwickelt haben, zu beschreiben. Alle sind aufs tiefste erschreckt. Auf den Straßen laufen die Leute umher, händeringend nach ihren Angehörigen suchend. Das betrifft ganz besonders die Mütter, die ihre Kinder vermissen. Aber viele verspotten und verbannen sowohl Gott wie die Menschen. Ein Mann kommt die Straße heruntergelaufen, er ringt die Hände und ruft:
„Paßt auf! Paßt auf! Wir werden bald alle hinweggenommen!“ Er hat wohl den Verstand verloren. Eine ältere Frau steht an der Strassenecke. Sie hat ihre Hände gefal-

tet und sieht hinauf zum Himmel. Dann sagt sie: „O, nein, – wenn wir uns nicht auf solche Weise zubereiten ließen, daß wir mitdurften, als Er hier war, so wird wohl nun niemand mehr geholt werden. Herr, Gott! Jesus, hilf uns! Nun ist es eingetroffen! Ich bin in meinem Leben wohl religiös gewesen, aber ich glaubte nicht, daß Er so bald komme. Ich habe nicht alles so genau genommen."
Von der Eisenbahndirektion wird mitgeteilt, daß bis jetzt noch kein direktes Unglück geschehen sei. Nur ein Zug steht in Finse, er ist ohne Schaffner. Es wurde an alle Überwachnungsstellen der Befehl ausgesandt, der Bahnlinie entlang nach Menschen zu suchen, die möglicherweise vom fahrenden Zug gesprungen wären und auf diese Weise verunglückt sein könnten, da mehrere Reisende fehlen. Gleiche Meldungen kommen von den Fjord- und Küstenbooten, von verschwundenen Menschen.
Heute abend kam in den Tageszeitungen eine Art Erklärung heraus, in der das Volk ermahnt wurde, vernünftig und ruhig zu sein. Die Polizei und die Behörden arbeiten mit allen Kräften, um die Anzahl der verschwundenen Personen feststellen zu können. Ebenso sind die Wissenschaftler – und besonders die Meteorologen – in Tätigkeit, um die Ursache dieses merkwürdigen Phänomens herauszufinden.
Nun sind auch Mitteilungen aus USA hereingekommen, daß aus den Oststaaten Meldungen an die Polizei einzuströmen beginnen, welche denen in Norwegen gleich sind. Es werden ganz große Verkehrsschwierigkeiten in den Staaten mit dem Verlust vieler Menschen gemeldet. Die Zeitungen meinen, daß man morgenfrüh eine ausführliche Übersicht über das, was in den Staaten geschehen ist, bekommen werde.
Es ist nun 20 Uhr. Aus den Nachrichten geht hervor, daß diese Katastrophe über die ganze Welt auf die gleiche Weise gekommen ist. Bis jetzt weiß man von den größeren Städten am meisten, aber auch von den ländlichen Gegenden beginnen jetzt die Angaben über die Anzahl der Verschwundenen einzulaufen.

Im südlichen Teil der Erde ist etwas ganz Gleiches eingetroffen, und es sieht so aus, daß es parallel so vor sich gegangen ist, wie wir es hier erlebt haben. Eine schreckliche Unruhe herrscht überall. Es sieht so aus, als ob das Volk diese Nacht sich nicht traute, zur Ruhe zu gehen. Auf den Straßen wird hysterisch das, was geschehen ist, diskutiert. Man kommt mehr und mehr zu dem Schluß, daß es etwas mit den Christen und dem Christentum zu tun hat. Diejenigen, die die Verschwundenen kannten, wissen zu berichten – übereinstimmend mit ihren Angehörigen – daß ausschließlich wahre Christen und unschuldige Kinder verschwunden sind. Ein Brauereiarbeiter hat heute Abend gesagt: „Ja. Hans Olsen ist nun fort, und jetzt wird es ihm so gehen, wie er hier gewandelt ist und es gepredigt hat, daß Jesus kommen und ihn bald holen werde".

„Ja", antwortete ein anderer, „wir hatten einen solchen, und er ist auch fort. Aber jetzt werden wohl die Behörden die Sache in die Hände nehmen und alle Religion verbieten, damit so etwas nie wieder geschehen kann."

„O, nein", rief einer in der Gruppe aus, „das wird nie mehr geschehen! Die haben doch wohl recht gehabt, diese Christen, denn sie haben davon eine Vorahnung gehabt. Hätten wir nur auf sie gehört, so hätten wir es jetzt vielleicht besser, anstatt gezwungen zu sein, in dieser Hölle, in diesem Chaos weiterleben zu müssen; und das wird wohl noch ärger werden."

„Ach so, du glaubst an sie? Da solltest du mit ihnen gegangen sein, als sie fuhren!" sagte einer.

„Ich wünschte, daß ich es gekonnt hätte!" antwortete er nur und ging.

Am nächsten Tag konnten die Zeitungen keine Erklärung geben. Alles ist und bleibt Mysterium. Von allen Ländern kommen gleichlautende Rapporte. Von den Missionsfeldern wird berichtet, daß die Christen massenweise verschwunden sind. Nur eine kleine Zahl ist zurückgeblieben.

Es zeigte sich, daß bei der nun zusammengerufenen Ver-

sammlung recht viele Pfarrer und Prediger anwesend waren. Doch waren auch viele entrückt. Es herrschte nervöse und trübe Stimmung. Viele waren ganz unglücklich. Aber es herrschte nicht der geringste Zweifel darüber, daß das, was geschehen war, die vorausgesagte ENTRÜCKUNG der Heiligen oder die Aufnahme der Brautgemeinde gewesen sei.
Einige gaben zu, daß sie – trotz ihrer theologischen Ausbildung und ihrer Studien des Wortes Gottes – nie gedacht hätten, daß es auf diese Art geschehen würde. Die Wiedergeburt war ihnen fremd und noch mehr der Geist der Gotteskindschaft. Ein junger Pfarrer äußerte sich folgendermaßen:
„Ich habe das nicht auf diese Art gelernt. Die Professoren haben uns nie gesagt, daß es sich so begeben würde, wie wir es nun in diesen Tagen erlebt haben.“ Die Journalisten schrieben, daß eine starke Tendenz zu Diskussionen herrschte, aber die Gemüter waren allzu erschüttert, um sachlich zu bleiben.
Da die Polizei sich an das Publikum gewandt hatte, um die allgemeine Auffassung zu hören, wurde dann ein Bericht verfaßt, welcher von den meisten Versammlungsteilnehmern gutgeheißen wurde: „Das, was geschehen ist, dürfte wohl ein vorausgesagtes biblisches Ereignis sein, die sogenannte „Entrückung der Braut“, oder daß Jesus die Seinen zu sich holte. Das ist alles, was wir zu diesem Zeitpunkt sagen können.“
Die Polizei wollte jedoch die Erklärung der Pfarrer nicht veröffentlichen, weil sie der Ansicht war, es sei die Frucht einer nervösen, hysterischen Fantasie. Zudem waren diese Geschehnisse so weittragend, daß sich die Regierung dieser Sache annehmen müsse. Hat es mit der christlichen Religion zu tun, so sollten bis auf weiteres, bis man eine bessere Übersicht gewonnen hätte und alles abgeklärt sei, alle Kirchen und religiösen Versammlungslokale schließen.
Im Lager der Christen scheint die Stimmung sehr gedrückt zu sein. Gestern – am Sonntag – waren die Kir-

chen und Lokale voller Menschen. Einige Gemeinden waren ohne Prediger, und viele Mitglieder fehlten.
In vielen Glaubensvereinigungen waren in den Gemeinden nur wenig Gläubige da, aber dafür sind gewaltig viele Außenstehende hinzugeströmt; es waren meistens solche, die „vom großen Unglück getroffen" wurden, wie man sich auszudrücken pflegte.
Das Volk wollte Gottes Wort hören, aber es war wie weggenommen. Einer versuchte zu lesen. Er sagte: „Ich verstehe nichts!" Sie gaben die Bibel einem andern, und er sagte: „Ich kann nicht lesen!" Andere weinten. Die große Masse schien einig zu sein, daß das Christentum die Ursache zu diesen tragischen Geschehnissen sein müsse und daß sie deshalb eine verständliche Erklärung bei den Christen bekommen würden. Viele kamen auch, um Gottes Hilfe zu suchen. Sie waren zutiefst unglücklich.
In den meisten Versammlungen herrschte jedoch vollständige Verwirrung. Ein Mann stand mit geballten Fäusten und rief einem Prediger zu: „Es ist deine Schuld, daß so viele von uns zurückgelassen worden sind. Du hast nie davon geredet, daß Jesus bald wiederkommen und die Seinen zu sich holen werde, und noch weniger, daß man ein reines Herz haben müsse und voll des Heiligen Geistes sein solle, noch daß man mit Gott und seinen Mitmenschen versöhnt und im Reinen sein müsse. Ich weiß, was mich zurückgehalten hat, es sind Kleinigkeiten, aber – ach . . . Herr, Gott, hilf!"
„Schweige" sagte der Prediger. - Er meinte, seine Pflicht getan zu haben. So beschuldigten sie einander weinend und rufend.
Sie klopften an , aber die Türe war verschlossen!
Der Zustand kann nicht beschrieben werden - wie er sich entwickelte. Das Volk war sich klar darüber, daß ihm eine furchtbare Zeit bevorstand. Es lag gleichsam in der Luft, daß alle Hoffnung dahin war. Die Türe war verschlossen. Sie klopften und riefen – alle, die sich mit leeren christlichen Phrasen und Redensarten begnügt hat-

ten. – Einige waren um der Kameradschaft willen dabei, andere um der Aufgaben in Gesang und Musik und dergleichen willen – und alles, ohne von neuem geboren zu sein und ohne Gotteskindschaft und damit auch ohne Erbrecht. Ja, für viele war das Gemeinde- und Versammlungsleben nur ein Zusammensein, ein Hobby, um die Freizeit auf kurzweilige Art zu verbringen. Aber jetzt klopften sie alle an die geschlossene Tür: „Herr! Herr! Tu uns auf!"

Das Problem der ENTRÜCKUNG und der Christen beschäftigte die Behörden nicht so lange, um darüber einen Beschluß fassen zu können. Laut einer Mitteilung aus den Oststaaten gingen die kommunistischen Länder voran und verboten alle christliche Arbeit und Zusammenkünfte. Es wurde unter Androhung der Todesstrafe verboten, den Namen Jesus zu nennen. Die Länder sollten von jeder christlichen Literatur „gereinigt" werden. Mit der Bibel zuerst sollte alles verbrannt werden. Es bedeutete den Tod, etwas zu besitzen, was auch nur den kleinsten Schein trug und an Christus erinnerte.

So begann die furchtbarste aller Zeiten in der menschlichen Geschichte. Eine große Menge der übrigen Christen riefen weiter zu Gott und wollten dem Verbot der Behörden nicht Folge leisten. Sie wurden gefangengenommen.

„Wenn du Jesus Christus verfluchst und verneinst, kannst du dein Leben retten!" Das war die Parole. Aber Tausende waren standhaft, und das Massenmorden war unbeschreiblich. Manche wurden furchtbar gepeinigt bis sie starben. Es war kein Gesetz und kein Recht mehr.

„Wehe der Erde und denen, die darauf wohnen."

Es waren mehrere, die in der Not schwach wurden und nachgaben. Sie hatten nichts, wo sie hinfliehen konnten, denn „die ganze Welt ist in der Gewalt des Bösen". Alle Länder waren sich einig, daß die Christen ausgerottet werden müßten. Fürsten dieser Welt hatten nun die Macht übernommen. Die Kinder verrieten ihre Eltern, so daß diese in Lebensgefahr gerieten. Nun ging das in Er-

füllung, was in Luk. 21,16 geschrieben steht: „Ihr werdet sogar von Eltern und Brüdern und Freunden verraten werden, und etliche von euch wird man töten. Und ihr werdet von allen gehaßt werden, um meines Namens willen“. Es ist unmöglich, diesen Zustand zu beschreiben; aber Gott hat alles im Buche der Offenbarung geschildert. Und der große Ruf dieser Unglücklichen war:
„Herr! Mögest Du diese Tage verkürzen!"
Lieber Freund! Riskiere es nicht, zurückbleiben zu müssen. Stelle dich vor das Angesicht des allmächtigen Gottes, bitte demütig um Licht und Gnade. Es ist heute noch Zeit! So wirst du mitgehen dürfen, wenn Er die Seinen zu sich holt.
(Es handelt sich hier um eine Zukunftsoffenbarung. Die Entrückung der Gläubigen hat noch nicht stattgefunden.)

UFO Nachrichten Nr. 311/313, Nov./Dez. 1988

. . . Siehe ein jeder Stern, den du erschaust, ist eine Welt, auf der, wie hier, freie Menschen wohnen. Und zahllose gibt es, die noch keines Sterblichen Auge erspät hat; und siehe, diesen allen gilt meine Wiederkunft!

Näheres im Band. **Das Weltall in Geistiger Schau**/Lorber-Verlag

Direkte Kontakte mit Außerirdischen in 5 Kontinenten

– Letzte Chance der Menschheit –

1. In allen Kontinenten der Erde bricht ein Sturm kosmischen Erwachens aus. Fanden noch Anfang der 50iger Jahre dieses Jahrhunderts Kontakte in erster Linie in Nordamerika statt (wohl aufgrund des dortigen technischen Fortschritts), setzen sie sich in Südamerika, Europa und in Afrika fort. (Wir berichteten darüber drei Jahrzehnte lang in den UFO-NACHRICHTEN).

2. Seit 1988 erfaßt nun eine Welle von UFO-Landungen die UdSSR. Direkte Kontakte und Mitflug eines hohen Regierungsbeamten wurden schon bekannt. Im ganzen Land herrscht eine aufgeschlossene Atmosphäre für die UFO-Forschung. Wie russische Presseorgane berichten, nehmen sich inzwischen auch Akademische Kreise der Ufologie an. In Moskau finden Seminare statt mit dem Ziel sowjetische Berufs-Ufologen auszubilden.

3. In China fanden zahlreiche "An-Bord-Nahmen" statt. Chinas UFO-Forscher organisierten sich Anfang der 80iger Jahre. Die Erstauflage ihres UFO-Journals, eine Million Exemplare(!), war in wenigen Stunden vergriffen!

4. Auch Japans UFO-Forschung lebt erneut auf, unter dem Eindruck der Ereignisse. 1972 nahm die japan. CBA-Delegation am 10. UFO-Kongreß in Wiesbaden teil und berichtete über bemerkenswerte Sichtungen in ihrem Land. Neueste Kontakt-Erlebnisse eines japanischen Beamten wurden in Europa erstmals auf dem 14. Internationalen UFO-Kongreß in Wiesbaden 1987 verlesen.

5. Für September 1990 erhielt Karl Veit eine persönliche Einladung nach Japan zum Internationalen UFO-Kongreß in Takamatsu-city. Dort wird ein weiterer japanischer Kontaktler über seine inzwischen 50 Begegnungen (seit 1979) und Mitflüge in Raumschiffen berichten.

6. Ein englisches Magazin berichtet, daß im April 1989 ein UFO-Absturz in Israel stattfand, nahe Haifa, nördlich des Ozeanografischen Instituts. (Haifa fungiert als Marine- und Luftwaffenstützpunkt und ist Zentrum der israelischen Raumffahrtindustrie.)

7. Aus Indonesien (Papetée und Französisch Polynesien) liegen uns aktuelle Berichte von Landungen vor. Australien ist gleichfalls in das globale Geschehen einbezogen. Ende 1989 erfuhren die Hrsg. von Kontakterlebnissen eines Australiers, die in ihrer Art wohl ebenfalls einmalig sind. Sensationell: Parallelen in seinen Erlebnissen zu Tuella („In Erden-Mission", Ventla, 1989).

8. Zahlreiche Botschaften wurden durch viele Begnadete in aller Welt bestätigt, erweitert und sind eingetroffen; zunehmend seit den 80iger Jahren durch vielfache Naturkatastrophen. Verursacht durch die Eingriffe des Menschen in die Geo- und Biosphäre des Planeten Erde, in Sonderheit die Gefahren der schöpfungswidrigen Atomkräfte.

9. In der hochinformativen letzten Dreifachausgabe der UFO-NACHRICHTEN Nr. 311/313, Nov./Dez. 1988, werden diese "Zeichen der ENDZEIT" eingehend geschildert (Noch ist diese Sondernummer erhältlich).

10. Obwohl der Kollaps des irdischen Magnetfeldes oder ein Atomkrieg, beides mit verheerenden Auswirkungen auf alles Leben des Planeten, bisher abgewendet

werden konnte, dank höherer Einflüße, ist zu befürchten, daß eine Umkehr im Denken von Verantwortlichen nicht mehr rechtzeitig einsetzt, um einen grundlegenden Wandel zum Positiven einzuleiten.

11. In einer Zusammenfassung, anhand aktueller Sonderartikel aus den UFO-NACHRICHTEN, wollten wir aufzeigen, wie etwa Rettungs- und Interventionsmaßnahmen von Seiten unserer Raumfreunde vonstatten gehen dürften. Parallel hierzu wäre speziell das Ventla-Buch "EVAKUIERUNG IN DEN WELTRAUM“, zu studieren. Erst die Synthese sämtlicher UFO-Werke gibt einen vollen Überblick.

Wiesbaden im Juli 1990 — *Karl & Anny Veit (Herausgeber)*

Bücher der Welt-UFO-Forschung im Ventla-Verlag

Karl Veit (10. erweiterte Aufl.):
Außerirdische Weltraumschiffe sind gelandet
Standardschrift über Ufologie, DM 4,00

Dr. Ing. Daniel Fry:
UFO-Erlebnis von WHITE SANDS
148 Seiten, 8 Fotos, 4. Aufl. 1988, DM 21,60

Artur Berlet:
Im Raumschiff von Planet zu Planet
256 Seiten, 11 Abb., 4 Fotos, DM 24,00

George Adamski:
Im Innern der Raumschiffe
280 Seiten, 8 Fotos, 4 Abb., 3. Aufl. 1989, DM 30,00

Dr. Walter Bühler
40 Begegnungen mit Außerirdischen in Brasilien
266 S., 58 Fotos u. Tabellen, geb., DM 29,70

Giorgio Dibitonto:
Engel in Sternschiffen
249 Seiten, 22 Bilder, 4. erw. Aufl., DM 24,90

Leona / K. u. A. Veit:
Evakuierung in den Weltraum
364 Seiten, gebunden, 32 Illustr. 2. Aufl., DM 36,00

Ing. Adolf Geigenthaler:
UFOs existieren wirklich
Sachbuch der Ufologie, 312 Seiten, 47 Fotos, DM 33,00

Elisabeth Klarer:
Jenseits der Lichtmauer
(3. Aufl.) 300 Seiten, 71 Fotos, DM 33,00

Oscar Magocsi:
Meine Weltraum-Odysee in UFOs (Bd. I) 230 Seiten, 21 Abb., DM 30,90

Meine Freunde aus dem Weltraum (1989) (Bd. II)
ca. 176 Seiten, DM 27,30

Dick Miller:
Kontakte mit Sternenmenschen
ca. 120 Seiten, 4 Abb., 3. Aufl. 1990, DM 19,80

Eugen Drake:
Besucher aus dem Weltraum
3. Aufl. 1990, ca. 80 Seiten, DM 17,40

Tuella:
In Erden-Mission
280 Seiten (1989), DM 36,00

Orfeo Angelucci:
Geheimnis der Untertassen
200 Seiten, Lw.-Schutzumschlag, DM 27,90

Bob Renaud:
TV-Kontakte mit Außerirdischen
172 Seiten, 20 Abb., DM 18,00

Karl L. Veit:
Einzige UFO-Foto-Dokumentenserie der Welt:
Interplanetarische Flugobjekte aus fünf Kontinenten
24 teils farbige Postkarten mit 16-seitigem Textheft, DM 21,00

Karl L. Veit:
Dokumentarbericht UFO-Weltkongreß 1967 Mainz
248 Seiten, 174 Fotos, nur DM 15,00

Karl L. Veit:
Dokumentarbericht 10. Kongreß 1972 Wiesbaden
(mit Kontaktler Berlet/Brasilien).
113 Bilder, 118 Seiten, nur DM 12,00

Karl L. Veit:
Dokumentarbericht 11. Kongreß 1975 Wiesbaden
(Kontaktler: Elisabeth Klarer u. E. Castillo)
232 Seiten, 159 Fotos, nur DM 15,00

Ventla-Verlag, Spezialverlag für Ufologie
D-6200 Wiesbaden, 13 · Postfach 13 01 85

(Gesamtverzeichnis kostenlos erhältlich)